爆发

DISC+ 打造核心竞争力

DISC+ 社群 出品　陈韵棋　程不困　主编

华中科技大学出版社
http://www.hustp.com
中国·武汉

图书在版编目(CIP)数据

爆发:打造核心竞争力/陈韵棋,程不困主编. —武汉:华中科技大学出版社,2022.4
ISBN 978-7-5680-8024-8

Ⅰ. ①爆… Ⅱ. ①陈… ②程… Ⅲ. ①成功心理-通俗读物 Ⅳ. ①B848.4-49

中国版本图书馆 CIP 数据核字(2022)第 027374 号

爆发:打造核心竞争力 陈韵棋 程不困 主编
Baofa:Dazao Hexin Jingzhengli

策划编辑:	沈　柳
责任编辑:	康　艳　沈　柳
装帧设计:	琥珀视觉
责任校对:	李　琴
责任监印:	朱　玢
出版发行:	华中科技大学出版社(中国·武汉)　电话:(027)81321913
	武汉市东湖新技术开发区华工科技园　邮编:430223
录　　排:	武汉蓝色匠心图文设计有限公司
印　　刷:	湖北新华印务有限公司
开　　本:	710mm×1000mm　1/16
印　　张:	16.25
字　　数:	280 千字
版　　次:	2022 年 4 月第 1 版第 1 次印刷
定　　价:	49.80 元

本书若有印装质量问题,请向出版社营销中心调换
全国免费服务热线:400-6679-118　竭诚为您服务
版权所有　侵权必究

contents

DISC 理论解说 ·· 001

第一章　用人之道 ·· 009

DISC 新任管理——从"技术明星"转型"管理达人"··········
·· 叶婧瑜/011
企业人才发展的选用育留之道——非人力资源经理的
人力资源管理·· 柳梅芳/022
DISC 助力组织健康——克服团队协作的两大障碍··········
·· 曾瀛亭/036
企业管理提升——DISC 理论助力中国企业管理升级··········
·· 田淼/045

第二章　管理之道 ·· 054

铸就高能领导者——四个维度快速提升领导力······ 李坤林/056
DISC＋财务管理——财务管理助力企业发展腾飞······ 刘百嬿/065
员工管理——洞察情绪，知人善任 ·················· 仲小龙/076

团队管理——合力共塑，完美团部 ················ 刘帅辛/085

第三章　提升之道 ································· 095

DISC构建壁垒——打造核心竞争力 ············· 马敏/097
有效表达——解读生活中的高效沟通 ············ 马凯/108
职场蜕变——利用DISC提升领导力 ············ 李海滨/119
DISC赋能人生——让生命重新绽放 ············· 云汐/129

第四章　平衡之道 ································· 137

顺畅表达——用DISC思维来学习图像表达 ········ 祝凡迪/139
女性生涯破局之路——平衡点才是最高点 ········ 侯小希/149
DISC创新教学——培养核心能力的项目式学习 ····· 周燕/163
DISC＋艺培教育——家长的"北斗导航" ·········· 徐丹/177
精准"赢"销——客户管理之实战法宝 ············ 丁媛媛/193
开放思维——有限边界，无限沟通 ················ 叶红/207

第五章　多面思维 ································· 216

时间管理——高效修身，赋能人生 ·············· 胡如海/218
教练思维——科学健身，活力加倍 ·············· 李坤鹏/231
设计思维——双剑合璧，做好培训课程设计和开发 ·········
································· 彭倩雯/241
营销思维——知己解彼，成长加速 ·············· 于长慧/250

DISC 理论解说

本书的理论依据来自美国心理学家威廉·莫尔顿·马斯顿博士在 1928 年出版的 *The Emotion of Normal People*。他在书中提出：情绪是运动意识的一个复杂个体，它由分别代表运动神经本性和运动神经刺激的两种精神粒子传出冲动组成。这两种精神粒子的能量通过联合或对抗形成四个节点，这四个节点是通过以下两个维度来划分的。

一个是，环境于"我"是敌对的还是友好的。如果对方呈现敌对的状态，大多数情况下，"我"更关注任务层面，很少和他人交流个人感受；如果对方呈现友好的状态，"我"常常倾向于先建立良好的人际关系。简单来讲，就是关注事还是关注人。

一个是，对方比"我"强，还是比"我"弱。如果"我"强，"我"就会用指令的方式，呈现主动出击的状态；如果"我"弱，"我"就会用征询的方式，呈现被动逃避的状态。简单来讲，就是直接（主动）还是间接（被动）。

维度一：关注事/关注人。

换句话来说，就是任务导向，还是人际导向。如果是任务导向，大多谈论的是事情本身，面部表情会比较严肃；如果是人际导向，大多就谈论人，面部表情会比较放松。也可以用温度计作比，关注事的人，温度会比较低一点；关注人的人，温度会比较高一点。

那么在企业里，是关注人好，还是关注事情好呢？如果只关注事情，团队里就不会有凝聚力，企业很难长时间存续；如果只关注人，团队就不会有业绩，企业就不能做大做强。所以，在一个团队里，如果我们不能做到既关注人，又关注事情，那最好是要有关注人的人，也要有关注事情的人，就是要做到"打配合，做组合"。

维度二：直接（主动）/间接（被动）。

换句话来说，主动就是直接，讲话单刀直入，表现出强大的气场、节奏很快、果断、有激情;被动就是间接,讲话委婉含蓄,表现得比较随和、小心谨慎、安静而保守。

究竟是直接好,还是间接好呢?答案是:从他人的角度出发。如果对方是直接的,就用直接的方式;如果对方是间接的,就用间接的方式。与人沟通的时候,用对方喜欢的方式对待他,往往容易得到想要的结果。

根据这两个维度就可以把人大致分为D、I、S、C四种特质。

关注事、直接:D特质。

关注人、直接:I特质。

关注人、间接:S特质。

关注事、间接:C特质。

D特质——指挥者

D是英文Dominance的首写字母,单词本义是支配。指挥者目标明确,反应迅速,并且有一种不达目的誓不罢休的斗志。

注重结果,目标导向	高瞻远瞩、目光远大	有全局观,抓大放小	不畏困难,迎接挑战
精力旺盛,永不疲倦	意志坚定,越挫越勇	工作第一,施压于人	强硬严厉,批评性强
脾气暴躁,缺乏耐心	控制欲强,操控他人	自我中心,忽略他人	不善体谅,毫无包容

处世策略：准备……开火……瞄准！

处世策略： 准备……开火……瞄准！

驱动力： 实际的成果。

特点识别：

形象——常常穿着干练、代表权威的服饰，比如职业装；因为时间观念很强，喜欢戴大手表；很少佩戴首饰，不太关注头发等细节。

表情——很严肃，甚至严厉，笑容很少；目光犀利，眼神笃定，不怕直视对方。

动作——很有力量，能鼓舞人；说话快、做事快、走路也快。

说话——音量大、高亢，语气坚定、果断。

面对压力时：

对抗而不是逃避，会变得更加独断，更加强调控制权，比平时更关注问题；对于那些优柔寡断、行动缓慢的人，尤其没耐心。

希望别人： 回答直接、拿出成果。

代表人物： 董明珠。

董明珠是格力董事长、商界女强人，她的霸气众人皆知。曾有同行这样形容她："她走过的路，寸草不生！"

I 特质——影响者

I 是英文 Influence 的首写字母，单词本义是影响。影响者热爱交际、幽默风趣，可以称作"人来疯"和"自来熟"。

善于交际,喜欢交友	才思敏捷,善于表达	幽默生动,充满乐趣	别出心裁,有创造力
善于激励,有感染力	积极开朗,追求快乐	口无遮拦,缺少分寸	不切实际,耽于空想
情绪波动,忽上忽下	丢三落四,杂乱粗心	缺乏自控,讨厌束缚	畏惧压力,不能坚持

处世策略: 准备……瞄准……开火!

驱动力: 社会认同。

特点识别:

形象——喜欢色彩鲜艳的衣服,关注时尚;喜欢层层叠叠的穿衣方式、夸张的佩饰、独特的发型。他们会把自己打扮得光鲜亮丽,吸引他人的眼球。

表情——丰富生动、爱笑。

动作——很多肢体语言,动作很大,比较夸张;喜欢身体接触。

说话——音量大、语调抑扬顿挫、戏剧化。

面对压力时:

第一反应是对抗,比如口出恶言,他们试图用自己的情绪和感受来控制局势。有时候给人不舒服的感觉。

希望别人: 优先考虑、给予声望。

代表人物: 黄渤。

黄渤幽默风趣,很会调动气氛。在日常演讲和交际中常常面带微笑,非常容易感染别人;他的演技也得到广大观众的认可和喜爱,在娱乐圈,他也拥有好人缘。

S特质——支持者

处世策略：准备……准备……准备……

S是英文Steadiness的首写字母，单词本义是稳健。他们喜好和平、迁就他人，凡事以他人为先。

善于聆听,极具耐心	天性友善,擅长合作	化解矛盾,避免冲突	关心他人,有同理心
镇定自若,处事不惊	先人后己,谦让他人	惯性思维,拒绝改变	迁就他人,压抑自己
自信匮乏,没有主见	行动迟缓,慢慢腾腾	害怕冲突,没有原则	羞于拒绝,很怕惹祸

处世策略：准备……准备……准备……

驱动力：内在品行。

特点识别：

形象——服饰以舒适为主，没有特点就是最大的特点，不想成为焦点。

表情——常常面带微笑，安静和善、含蓄，让人觉得容易亲近。

动作——动作不多，做事慢，习惯不慌不忙。

说话——音量小、温柔，语调比较轻，一般不太主动表达自己的情绪。

面对压力时：

犹豫不决。他们最在意的是安全感，害怕失去保障，不愿冒险，更喜欢按部就班地按照既定的程序做事情。

希望别人：作出保证，且尽量不改变。

代表人物：雷军。

小米的创始人雷军，笑容可掬，很有亲和力。有一次，他去一个新的办公地点，因为没有戴工牌，所以保安不让他进。雷军很有绅士风度地跟那个保安说："我姓雷。"谁知道保安不买账，对他说："我管你姓什么，没有工牌就是不能进。"雷军无奈,只好打电话给公司的行政主管,让主管下来接自己。

C 特质——思考者

C 是英文 Compliance 的首写字母,单词本义是服从。他们讲究条理、追求卓越,总是希望明天的自己能比今天的自己更好。

条分缕析,有条有理	关注细节,追求卓越	低调内敛,甘居幕后	坚韧执着,尽忠职守
善于分析,发现问题	完美主义,一丝不苟	喜好批评,挑剔他人	迟疑等待,错失机会
专注细节,因小失大	要求苛刻,压抑紧张	死板固执,不会变通	忧郁孤僻,情绪负面

处世策略: 准备……瞄准……瞄准……

驱动力: 把事做好。

特点识别:

形象——常常穿着整洁、简单的服饰,很少佩戴首饰,形象专业。

表情——很严肃,甚至严厉,笑容很少;目光犀利,眼神笃定,不怕直视对方。

动作——很有力量,能鼓舞人。

说话——语调平稳,音量不大。

面对压力时:

忧虑、钻牛角尖;做决定时,比较谨慎,喜欢三思而后行。

希望别人: 提供完整详细的资料。

代表人物: 乔布斯。

乔布斯对于审美有着近乎苛刻的追求,对设计的完美有着变态的挑剔。苹果产品如此受欢迎正是得益于乔布斯的 C 特质。据说,他曾要求一位设计师在设计新型笔记本电脑时,外表不能看到一颗螺丝。

经过90年的发展,马斯顿博士提出的DISC理论在内涵和外延上都发生了巨大的变化。利用DISC行为分析方法,可以了解个体的心理特征、行为风格、沟通方式、激励因素、优势与局限性、潜在能力等等。也可以将DISC行为分析方法广泛应用于现代企业对人才的选、用、育、留。

DISC+社群联合创始人、知名培训师和性格分析标杆人物李海峰老师,深度研究DISC近20年,并在2018年与肖琦和郭强翻译了《常人之情绪》。他提出,学习DISC有三个假设前提:

每个人身上都有D、I、S、C,只是比例不一样而已。所以,每个人的行为和反应会有所不同。

有些人D特质比较明显,目标明确、反应迅速;有些人I特质比较明显,热爱交际、幽默风趣;有些人S特质比较明显,喜好和平、迁就他人;有些人C特质比较明显,讲究条理、追求卓越。每个人身上并不是只有一种特质。当我们遇到问题的时候,想一想:凡事必有四种解决方案。

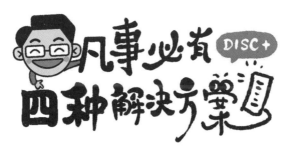

D、I、S、C四种特质没有好坏对错之分,都是人的特点。用好了就是优点,用错了就是缺点。

有人觉得D特质的人太强势,但他们可以给世界带来希望;有人觉得I特质的人话太多,但他们可以给世界带来欢乐;有人觉得S特质的人太保守,但他们可以给世界带来和平;有人觉得C特质的人太挑剔,但他们可以给世界带来智慧。

懂得了这点,我们就有能力把任何缺点变成特点,可以向对方传递"我懂你"的态度,这样可以拉近彼此的距离。

D、I、S、C可以调整和改变。一个人的行为风格可以调整和改变吗?其实,我们每天都在改变。

当我们不注意的时候,惯用的行为模式就会悄悄显露。比如,在面对D特质的老板时，我们可能更多使用S特质来回应；在面对不愿意写作业的孩子时，我们可能使用D特质来应对。其实在与他人互动的时候，我们的行为已经在调整和改变。重要的不是D、I、S、C哪种特质，而是如何使用每一种特质。

过去我们是谁，不重要；重要的是，未来我们可以成为谁。只要有意识地调整，我们每一个人都可以成为自己想成为的样子。

学习DISC有三个阶段。

第一阶段：贴标签。通过对他人行为的观察，基本可以识别对方哪种特质比较突出。

第二阶段：撕名牌。每个人在不同的情境下，有可能呈现不同的特质。

第三阶段：变形记。需要的时候，我们可以随时调整自己，呈现当下所需要的特质。遇到事情的时候，也要记得提醒自己：凡事必有四种解决方案。

我们常说：职场如战场。其实这句话有问题。战场上，我们面对的都是敌人；职场上，我们需要学会与人合作。

成熟的职场人士关注两个维度：事情有没有做好，关系有没有变得更好。DISC就是这样一个可以帮助我们有效提升办事效率、提升人际敏感度的工具，一个值得我们一辈子利用的工具。

第一章

用人之道

叶婧瑜

DISC+授权讲师A7毕业生
副教授
航天企业内训师

扫码加好友

DISC新任管理
——从"技术明星"转型"管理达人"

技术类的"明星员工"升至管理岗位,看似理所应当,然而技术能手转化为管理能手、个人贡献者转化为组织贡献者后,却并不能事事得心应手。能力出众、业绩出色的技术人员升为管理者后,常常有团队管理状况百出、疲于奔命的情况。

正所谓"三军易得,一将难求",技术能力强不等同于管理能力强。有没有一种方法能够帮助新任的技术管理者快速掌握管理秘诀呢?有!可以借助 DISC 行为风格理论来提升管理能力。

将意会知识显性化

当我们问管理者"如何学会管理"这个问题时,许多已经有超过十年管理经验的管理者仍然只会说:"做着做着自然就会了。"

这个回答形象地说明了管理学的一大特点——很多内容不是显性知识,不是隐性知识,而是一种"意会知识",只可意会,不可言传。每位管理者由于所从事的行业环境影响,以及个人的行事风格、成长经历、兴趣爱好不同,形成了自己独特的管理经验,这些独特经验很难直接"移植"到不同的管理情境和管理人员身上,怎么办?

我们借助DISC行为风格理论,将错综复杂的管理行为划分为D、I、S、C四种风格,使意会知识有显性化的对标框架,有效帮助新任管理者快速把握管理基本要义,针对不同情境选择合适的管理风格,快速实现从技术明星到管理达人的跃升。

1928年,美国心理学家威廉·莫尔顿·马斯顿博士在《常人之情绪》中提出的DISC行为风格理论,现在已经成为全球广泛认可、世界500强企业广泛运用的一种心理测评方式。DISC行为风格理论指出人有四种基本的性向因子,这些性向因子以复杂的方式组合在一起,形成了每个人独特的性格。

我们也可以根据"关注人还是关注事""快还是慢"两个维度划分出D、I、S、C四个象限,在与管理任务相结合后,形成管理风格示意图。

需要注意的是,DISC行为风格是针对行为而不是人,每个人身上都有D、I、S、C四种风格,只是比例不同而已。那么,哪种风格适合技术管理者呢?请大家先来看一个案例。

假设你是一位技术明星,公司提拔你担任最重要的新品研发技术总负责人,要求你用一年的时间成功研发新品。

接到任务后,你对这项产品的技术综合指标进行了拆解,将其拆分成十项关键技术,并分给十个小组进行攻关,同时确定了指标内容和完成时间。

幸运的是,有九项技术都按计划完成攻关;不幸的是,最关键的技术却迟迟突破不了。眼看全部工作就要耽误了,你打算采取什么措施解决这个问题?下面四个解决方案,只能选一种,你会选取哪一种?

第一种,重申任务节点,责成这项技术负责人进行问题分析汇报,在要钱给钱、要人给人的前提下，如果再没有进展，直接撤换负责人。

第二种，召开新品研发冲锋 party，全体技术小组成员进行三天的娱乐狂欢，设计重要的团建环节为还没完成任务的小组加油鼓气。

第三种，修改技术指标分配，让其他已经完成的小组分担指标，减轻最关键技术小组的研发压力。

第四种，组建技术攻关突击队，自己担任队长，与这个小组加班加点一起进行技术攻关。

这四个选项正是对应 D、I、S、C 四种行为风格：

第一种，对应 D 型管理风格。

第二种，对应 I 型管理风格。

第三种，对应 S 型管理风格。

第四种，对应 C 型管理风格。

这个案例的答案是什么呢？答案是"不一定"，关键看场景。这不是一句废话，而是对现实管理案例的提炼。

这个案例来源于中国航天事业发展中的真实场景。

世界航天事业起步于 20 世纪 50 年代，作为大型系统工程，在发展过程中出现了不少经典的管理技术。比如项目管理的代表技术之一计划评审技术（PERT）是由美国海军特种计划局和洛克希德航空公司于规划和研究在核潜艇上发射"北极星"导弹的计划中首先提出的；个人和团队领导力提升系统之———4D 系统的创始人查理·佩勒林博士则是美国宇航局（NASA）的高管、哈勃太空望远镜项目的总指挥。

中国航天事业在新中国一穷二白的情况下起步，经过六十多年的奋斗，取得了各项辉煌成就，我国也跻身世界航天大国之列。这不仅仅是科技方面的巨大成就，也是管理方面的奇迹。只用仅仅几分钟就可以完成一枚导弹、一枚火箭的发射，背后需要几百个单位、上万人经年累月的合作。

"两弹一艇"元勋、二机部原部长刘杰曾经说过："原子弹不光是一个专门的科学性的东西，它更多的还是一个大的工程问题，组织管理问题。"这个管理奇迹，值得我们深入研究和学习。

前文所提到的案例已运用到多项管理培训中，根据上百位学员的选择来看，

45%选择C型管理风格,35%选择S型管理风格,20%选择D型管理风格和I型管理风格。这从另一个侧面契合了中国人S特质和C特质占比高的特点。

我们就以选择人数从多到少的顺序来解析每一个选项。

C型管理风格：专业是基础，但不是全部

C特质显著者往往是技术明星,他们爱思考、善分析,讲究条理,善于透过现象看本质。这是他们成为技术明星的基础条件,也是他们在成为技术管理者之后,在团队遇到瓶颈的时候,往往会及时地施予援手,使用专业技术能力帮助团队攻克障碍,带领团队继续前进的原因。

我们耳熟能详的科学家都具有这类特质。他们的人生传记当中,往往有个共同的词语叫"学霸",钱学森、任新民、黄纬禄、屠守锷、梁守槃……无一不是响当当的学霸人物。现今最为知名的产品经理,张小龙、雷军、周鸿祎等,也都是早早展露出高水平的技术研发能力。

除了技术明星外,也有很多非专业人士成为技术项目的管理人员,比如惠普、苹果等公司都会聘用职业经理人,他们为什么能以非专业人士的身份做好大型团队技术管理工作呢？如果仔细分析的话,就会发现,以非专业身份成为优秀的技术管理者,往往能够在入职后迅速学习专业知识,具备与专家对话的基本能力,成为非专业人士当中的"专业票友"。

需要特别注意的是,善于钻研和分析,只是成为技术管理者的基础条件,但不是充分条件。C特质发挥过度时,甚至反而会成为管理的重大障碍：

第一个障碍是不善于授权。从个人贡献者到组织贡献者,有一项很重要的职责就是"授权"。新任管理者需要摆脱作为技术明星时凡事冲锋在前的做法,在团队碰到困难时,要积极为团队创造解决困难的条件,而不是直接冲到第一线,直接解决困难。C特质过分发挥的管理者具有完美主义倾向,只信任自己的专业能力,

难以接受下属的不完美,凡事事无巨细、亲力亲为,甚至没有时间、精力从事管理工作,下属也由于没有得到足够的授权,进而失去了锻炼成长的机会,团队最终无法发挥合力。这样,管理的意义何在呢?

第二个障碍是不善于管"人"。管理管什么?简单说就是管人管事,C特质过分发挥的管理者往往聚焦管"事"而忘记了管"人",专注于办好事情,忘记了维护良好的人际关系,无法与团队成员形成亲密关系,导致团队硬实力过关、软实力不足。古人云"以利相交,利尽则散",如果一个团队仅有"事"的交集而无"心"的沟通,将无法形成强大的凝聚力。

就这个案例来说,由于已经指出了是面临关键技术的研发障碍,而且时间已经非常紧迫,所以管理者大概都会选择亲自披挂上阵,这不仅是出于解决技术问题的考虑,更是鼓舞士气的需要,就如同一位将军在战斗最危急的时刻,就不能再坐镇帐中,而是要亲自上阵冲锋一样。

但即使这样,管理者仍然要反思,为什么会陷入如此危急的情境?是否在先前的管理工作中已经埋下了隐患?另外,管理者走上前线是特殊需要,并非常态,团队成员是否对此达成共识,并能够共同竭尽全力争取完成目标,而非等待管理者出手相助?

S型管理风格:协同,说起来容易做起来难

中国第一款固体潜地导弹"巨浪一号"的研制过程中,一级发动机在试车时,发现摆动喷管的摩擦力矩大大超过任务书要求,这将使导弹的出水姿势难以控制。相关任务承担单位经过多次改进未能解决,各方面的工作也因此长时间停顿下来。怎么办?

"巨浪一号"总设计师黄纬禄在1979年8月6日召开的总设计师扩大会上,请大家毫无保留地将所接受的任务书指标和当时所能达到的水平互相交底。

然后，他问了大家一个关键问题：各单位究竟留了多少指标余量？

指标余量，相信职场人士都不会陌生。比如做一项工作员工预计需要十天，然而当上级问起："这项工作需要多长时间完成？"员工大概率会回答："十二天。"多出来的两天就是余量。比如今年分配给某个部门的任务是5000万，那么上级下任务书就会规定5500万，如果团队层级多，经过层层加码，一线团队甚至可能接到8000万的指标。

如何把这一高一低的余量控制在可接受的范围内，就是管理的一项重要工作。科学分配任务，就是科学分配指标，既确保总任务能够完成，又使各个组成团队能够接受，这正是对管理者的考验。如果最终所有团队都完成指标，整体任务也完成了，那么皆大欢喜。但如果某一个团队在竭尽全力后仍无法完成指标，问题就来了——这仅仅是这一个分系统的问题吗？

显然不是。由于余量不可避免，想要解决这个问题，不能只从单项技术入手，而必须着眼于整个项目系统，统筹考虑。

如果不能解决关键技术障碍，整体任务就会失败，其他团队完成的指标也失去了意义。这也是在面临这种情况时，有人选择让整个团队共同面对挑战的原因。

但是，调整指标，协同作战，是一件说起来容易做起来困难的事情。要做好，不是简单用"以大局为重""团队精神"这样的话语就可以推动的。如何管理，才能让已经完成指标的团队承担更多的任务？而且，这些团队一旦承担了新指标，也就承担了完成不了的风险，又如何去评价和考核？

S型管理风格的"支持"特点在此发挥了重要作用。黄纬禄就提出：这样的风险不由某个单位负责，要共同来承担。不能出了问题相互指责、埋怨。他同时表示，作为总设计师，他承担主要责任。这个解决方案蕴含了两个层面的意义：一是在攻坚阶段，不再是简单地把指标往下分解，形成底线指标，而是大家共同朝最优目标努力，共同承担责任；二是完不成的考核压力主要由管理者承担。

这一事件，成就了中国航天人奉为金科玉律的"四共同"原则：有问题共同商量，有困难共同克服，有余量共同掌握，有风险共同承担。这个原则带有非常显著的S型风格特征：周到全面、深思熟虑、坚持不懈、团结协作。

很多人认为身处当前激烈的商业竞争环境，管理者需要有"杀伐决断"的果决，带有浓厚的"老好人"特性的S特质人士不适合当管理者。然而实际情况是：调查显示,中小企业的管理者中持 S 型管理风格的确实占比最少,然而规模越大的公司中,越高层的管理者中,S 型管理风格的管理者反而越多。

这恰恰说明了当今社会由于专业化分工越来越细,仅仅依靠个人或者一个团队的力量难有长远的发展,统筹协调能力将成为决定管理水平的关键因素之一。S 型管理风格的管理者,未来将有更多的空间发挥周到全面、善于统筹、致力协同的优势。

D 型管理风格：决断，重要的能力要用在正确的地方

在案例选项中,D 型管理者果断更换掉不合适的技术负责人,但临阵换将,乃兵家大忌。临阵换将面临的问题主要有以下三个方面：

第一,是否有合适的人选可以替换。虽然当前的负责人不合适,但大概率他是现有团队中最合适的人选,如果有更合适的人选,却迟迟没有使用,那本身就是管理的重大缺失。

第二,将会影响管理者的威信。修改指标,是因为有大系统协同导致上下双方难以充分把握余量的客观现实,并且可以通过管理者承担后续的主要责任,来淡化修改指标对管理者威信的影响。临阵换将将要面对的是团队对管理者决策信心的动摇和对继任者的怀疑。

第三,继任者没有充足的时间构建融洽的上下级关系。一位管理者需要不断地接触与反馈,与上下级之间形成相互认可的行为模式、构建相互信赖的情感通道,这个过程无法一蹴而就,所以才会有将新任管理者"扶上马、送一程"的说法。大战在即,没有时间留给新任管理者去做这些工作,团队必然无法凝心聚力,后面的战斗又怎么能取得成功呢？

这个选项的背后,展示的是 D 型管理风格不同于其他管理风格的特征：目标先导、果敢决断。这恰恰是以 C 型管理风格和 S 型管理风格为主的技术明星非常缺乏的特性：过分沉浸在技术研究中难以自拔,忘记项目目标和时间节点；过多关注

团队成员的意见和感受,优柔寡断。管理的最终目的是达成组织目标,因此,技术明星在迈上管理岗位后,要有意识使用D特质提升管理能力。

新中国原子弹研制计划的最终确定,也经历了这么一个果断决策的过程。原子弹先期研制工作从新中国成立之初就一直在进行,但什么时候能研制成功,一直没有明确的时间节点计划。直到1962年,二机部原部长刘杰在此展示出超强的目标导向性:使用"倒排暴露矛盾,顺排落实措施"的方法,将这项巨大工程计划得井井有条,最终向中央立下了"1964年完成目标"的"两年规划"军令状。正是这个军令状,使中国的原子弹研制计划摆脱了不确定性,多项相关的重大工程因此有了明确的时间节点,快速向前推进。一位参与这个"两年规划"制定的领导人在接受采访中曾说:如果当时不下这个两年规划的决心,原子弹的计划很可能会拖延下来。

D型管理风格的管理者具有超强的抗压能力,只要有目标,压力越大,斗志就越强,但同时要注意做"医生",不做"法官",也就是说,要以分析、解决问题为目的,而不是以评价、审视为目的。过度使用D型管理风格的时候,管理者对他人具有强烈的攻击性,甚至会喜欢嘲讽、评判他人,会在团队中造成不好的影响。

在传统的工作氛围中,大家往往会善意地将这类行为解释为"刀子嘴、豆腐心",或"领导就是脾气急了点,但也是为了你们好",然而面对将自我和尊重摆在需求首位的新生代员工,就需要管理者将自己的管理风格进行一系列调整。

I型管理风格:氛围,举重若轻助你走得更远

I型管理风格是被选中次数最少的选项,甚至有不少技术管理者问,这是不是用来搞笑的选项?还真不是。

1964年10月16日,中国第一颗原子弹爆炸成功。在爆炸之前的准备工作正紧张进行时,马兰基地的氛围非常压抑紧张。一方面是因为这样的大型工程一旦启动准备工作,是不可逆的。如果在这期间发生了意外突发情况,那么造成的后果

将难以预估。另一方面是面对这样一个期待已久的时刻,这样一个准备多年的成果验收时刻,大家的紧张可想而知。

在临近爆炸的前四天,在如此紧张、焦虑和繁忙的时刻,原子弹工程的总指挥张爱萍将军做出了一个出人意料的决定:他带上了研制原子弹的科学家,分乘好几辆吉普车,去了戈壁滩深处的楼兰古城游玩。

这些科学家在游玩的过程中,在胡杨林里面尽情嬉戏,在楼兰古城遗迹里捡陶片,在干枯的古河床上野餐,兴奋得如同小孩一样。

为了这次游玩,张爱萍将军还破了自己立下的誓言:四年前,张爱萍将军视察马兰基地,坐飞机在空中第一次看到楼兰古城,他发誓,不成功爆炸原子弹就不来楼兰。但面对爆炸前超乎寻常的紧张氛围,他破天荒地食言了。张爱萍将军这种临危不惧、举重若轻的大将气魄深深地影响了大家,缓解了科学家们过度紧张的情绪,使大家在临发射之前能够以一种沉稳的心态应对接下来的工作。

这个案例体现出张爱萍将军典型的 I 型管理风格:善于营造氛围,不按常理出牌。这种风格在管理者的身上十分少见,然而,在顶尖的管理者中,这样的风格又十分常见。"巨浪一号"总设计师黄纬禄有个特长是变魔术,当时从北京去发射基地需要坐好几天的火车,在苦闷的旅途里,黄老就常常给大家表演魔术调节气氛,带领团队在欢乐的笑声中度过旅途。

雷军与董明珠的"十亿赌局",也是一个管理者营造氛围的经典案例:2013 年 12 月 12 日,在央视财经频道主办的第十四届中国经济年度人物颁奖盛典上,雷军与董明珠就发展模式再次展开激辩,并定下 10 亿元的天价赌局:雷军称五年内小米营业额将超过格力。如果超过的话,雷军希望董明珠能赔偿自己一元钱,董明珠回应称如果超过愿意赔 10 亿。短短几分钟"赌局",通过媒体迅速传播,掀起了全民关注与讨论的热潮,成功为小米和格力带来巨大的关注度和影响力,为两个品牌增添了不可估量的价值,起到了"四两拨千斤"的作用。

现在网络上对技术人员有个流传很广的评价,叫"技术钢铁直男",意思是技术工作者一般情商低、审美差、不解风情,其实就是缺少 I 特质的表现。这也难怪,因为 I 特质显著者多为艺术家、明星,似乎和技术人员不搭边。但无论任何行业,顶尖高手的底层逻辑都是类似的,I 特质意味着敏锐和丰富的创造力,这往往是优秀管理者和顶尖管理者的分水岭。

在当前关注度成为融媒体时代稀缺资源的情况下,善于运用 I 特质就意味着能够更快速地获得关注,与时代发展同频共振。

但也要注意,过度使用 I 特质容易出现不稳定局面,但由于从技术明星转变为管理者的这个群体大多缺少 I 特质,能够很好运用 I 特质的更是凤毛麟角,所以在这里就鼓励他们勇敢地去探索、发挥 I 特质吧!

什么行为风格的人更适合当技术管理者?答案是不一定。没有完美的管理风格,只有合适的管理风格,"合适"取决于你所在团队的目标、所处的阶段以及团队成员的风格。

单一风格能不能担任合格的管理者?答案是在特定的情况下可以,但更鼓励大家能够熟练掌握不同行为风格,随机应变。顶尖的管理者往往具有丰富的多面管理风格,越是高层管理者,行为风格越多变。期待大家多去尝试自己不熟悉的行为风格,向更高层次的管理迈进。

使用何种管理风格,取决于团队的目标、所处的阶段以及团队成员的风格

柳梅芳

DISC双证班F78期毕业生
中小企业人才发展高级顾问
DISC国际认证讲师及顾问
管理教练技术资深培训师

扫码加好友

企业人才发展的选用育留之道
——非人力资源经理的人力资源管理

企业的发展离不开人才的发展,企业人才的发展绕不开选人、用人、育人、留人这四个方面。我曾在一家香港上市公司负责人力资源管理工作,有一天生产部经理来找我:"某某员工我不要了,交给你们人力资源部搞定吧!"

"你不要了?什么意思?想调岗?劝退?协商解除劳动合同?还是开除?"我一口气问了一连串的问题,随后一一核实:将问题员工转给其他部门,不合适吧?劝退员工,对方不一定同意吧?若与员工协商解除劳动合同,有支付补偿金的预算吗?如果要开除员工,要做到合法合规,有员工违规违纪的记录和充足的证据吗?

还没等人力资源部对上述几种方案进行全面评估,这位经理就直接通知某某员工第二天不用去上班了,结果引发了一起劳动纠纷。

很多企业的部门经理和主管认为:公司内任何有关人力资源管理的事务,应该是人力资源部门的职责。他们通常对人力资源部门的角色、与人力资源部门沟通的重要性,以及如何与人力资源部门配合缺乏了解和认识。

假如这位经理学习、掌握了选人、用人、育人、留人的方法和技巧,是完全可以避免劳动纠纷的。

何为人力资源管理

现代管理学之父彼得·德鲁克在《管理的实践》中写道:"所谓企业管理,说到底就是人力资源管理,人力资源管理就是企业管理的代名词。"通用电气集团前CEO 杰克·韦尔奇在《赢》中写道:"人才的选、用、育、留是我的主要工作。我始终认为一个称职的业务领导必须首先是一个优秀的人力资源经理。"可见,企业管理的核心是人力资源管理。

什么是人力资源管理呢?下面这个说法较为妥帖:

所谓人力资源管理,就是运用现代化科学方法,对人力进行合理的组织、培训和调配,使人力和物力经常保持最佳比例,同时对人的思想、心理和行为进行恰当的引导、控制和协调,充分发挥人的主观能动性,使人尽其才,事得其人,人事相宜,以实现组织目标。

现代人力资源管理发生了很大变化:对人的重视程度,从传统的"以事为中心,人适应事"变为"以人为本";对人的看法,从"人是成本"到"人是活的资本";对待员工的态度,从"命令、独裁"变为"尊重、民主";对人才培养,从"重使用,轻培育"到"开发与使用并重";与其他部门的关系,从"对立、抵触"到"合作、伙伴";在组织中的地位,从"关注过去事务性的工作"到"关注未来的战略性工作"。

由此可见,人力资源管理不只是人力资源部门的事,而是一门共同的管理语言。可以这样说:部门经理的第一角色是人力资源经理,也是人力资源管理的第一责任人!

管理者的"选才"之道

选人重要还是培养人重要?企业需要什么样的人?所有管理者都会选人吗?

吉姆·柯林斯在《从优秀到卓越》中阐述的观点是先找到对的人,再决定去哪里也不迟。另外,企业要找的是最合适的人才,不是最优秀的人才。

怎样才能为企业找到合适的人才呢?既要有标准,也要有方法。

选才标准

关于选才标准,我们先谈谈工作分析。工作分析,是对岗位相关信息的收集、加工和处理过程,有个6W1H法则,即做什么(what)、为什么(why)、用谁(who)、何时(when)、在哪里(where)、为谁(for whom)及如何做(how)。该法则基本概括了工作分析所要收集的信息内容。工作分析是人力资源管理中一项重要的常规性技术,它是整个人力资源管理工作的基础,为管理活动提供各种相关的信息。

什么时候进行工作分析呢?一般在下列情况发生时进行:设立新的组织或部门、企业战略调整、业务和职能发生变化、企业进行流程优化,以及由于新技术的引进增加或减少了工作内容。

工作分析包含以下三个层面。

公司层面:应该设计什么样的组织机构?应该设置多少岗位,招收多少人?各个岗位的报酬标准是多少?内部哪些人可以继任这些岗位?

部门层面:部门应该设多少岗位?各个岗位的工作任务是什么?应该选什么样的人匹配各个岗位?如何评价员工的工作业绩?如何指导下属在企业内的发展?

员工层面:职责范围是什么?工作标准是什么?有什么发展?

选才方法

常用的选才方法有结构化面试、非结构化面试、行为描述面试、全面结构化面试和性格测评。

接下来,重点介绍全面结构化面试。

什么是结构化面试呢?就是面试程序、试题、结果评判都结构化,预先确定程序,根据事先拟好的谈话提纲逐项提问。全面结构化面试分为以下几个步骤。

第一步:明确岗位标准及胜任素质。

通过研读《岗位说明书》,并和用人部门直接负责人面谈交流,明确招聘岗位的工作职责,界定应聘者所需知识、技能及经验要求,同时界定胜任素质要求。

第二步:设计问题。

问题分为开放类和封闭类。开放类问题包含理论式和行为式,封闭类问题一般是引导式。

理论式问题,无固定形式,以5W1H(what,who,where,why,when,how)等措辞展开,比如:谈谈你对互联网经济的认识?为什么选择我们公司?你觉得技术工作的重要性体现在哪些方面?假设你获得了这个机会,将如何开展工作?理论式问题不能简单回答,信息量大,反映应聘者的归纳、总结、沟通表达能力和理解力。

行为式问题,就具体的行为和事件向应聘者提问,常用STAR模型(situation/背景,task/任务,action/行动,result/结果),比如:请分享一个你负责的成功项目案例,当时的背景是怎样的?你的角色和任务是什么?你采取了哪些行动?最后的结果如何?行为式问题能深入表面探索行为,获取、求证更多信息,与应聘者的能力关联性强。

引导式问题,让人有五成机会以"是"或"不是"来回答,并带有一定的引导性,比如:你是一个细心的人吗?你能适应经常出差吗?你愿意加班吗?你认同我们公司的企业文化吗?这类问题设计难度较低,但是会限制对方自由发言,甚至有引导性,所以获得的信息质量较低,有时会逼着应聘者说假话。

设计面试问题时,需遵循三大法则:一,针对岗位标准预先设计问题并彩排;二,尽量问开放式问题,封闭式问题用于信息确认和过渡;三,增加行为事件提问,灵活应用问题组合。

第三步:安排并准备面试。

面试官是公司的代言人。无论是人力资源部还是业务部门的面试官,都有必要提前安排并为面试做好准备。人力资源部对面试的全流程负责,包括统筹、服务和专业指导,全程参与面试,对录用有一票否决权。业务部门在面试流程中阶段性参与,对结果负责,优中选优,对录用有决定权。

面试准备工作包括三个方面:

第一,提前准备好面试室。

第二,审阅应聘者的简历,从个人基本信息判断人际成熟度,从工作经验判断职业发展轨迹与指向,从更换工作的频率判断稳定性与职业发展目标,从相互矛盾的信息来判断简历的可靠性。

第三,设计面试时间。一般来讲,普通岗位30分钟至45分钟,重要岗位60分钟至90分钟,可根据实际情况确定。

第四步:进行面试。

面试时要做好时间管理,可以对应聘人员说:"请用三分钟描述一下事件的开始、过程和结果。"还要有打断技巧,比如先打个招呼:"为提高效率,我可能在过程中偶尔会打断,请别介意。"

面试环境和面试官的行为表现都会给应聘者留下第一印象,也会成为应聘者做决定的影响因素。面试官的行为越放松,应聘者的表现就越真实,所以有必要营造轻松的面试环境。应聘者讲到好的成功的地方,面试官可以表示赞许;应聘者讲到不太好的地方,面试官也要给对方一个台阶下,避免对方用谎言来掩饰不足。

第五步:评估并做出选拔决定。

有三个评估要点需要注意:将要素项归类并核对、评估与任职要求匹配度、基于记录综合多位评委的评估意见。

人岗匹配

如何确保招聘的新人是人才,而不是"人灾"呢?DISC性格测评可以实现人岗匹配。它是很多世界500强企业都在用的测评工具。

一般而言,生产总监的D特质不能太低,公关经理的I特质不能太低,产品经理的C特质和I特质不能太低,员工关系辅导员的S特质不能太低,IT工程师的C特质不能太低。不管企业处在哪个发展阶段,如果高层管理团队六人中已有三人是高D、C特质,最好避免再招聘高D、C特质的高层管理人员,否则高层管理团队在做战略决策时各说各的理,都认为自己的意见是正确的,谁也说服不了谁,很难达成共识。

为了更好地发挥每个人的性格优势,在选择职业或岗位时,如果顺应性格特质,会起到事半功倍的作用。一般来讲,人们从事能发挥自身性格特质优势的职业,在通往成功的路上挑战会相对小一些。能发挥D特质优势的职业或岗位有业务主管、律师等；能发挥I特质优势的职业或岗位有设计师、业务员、客户服务等；能发挥S特质优势的职业或岗位有前台接待、私人助理、行政人员、秘书、老师、辅导员、社工等；能发挥C特质优势的职业或岗位有程序员、分析师、编辑、会计、精算师等。

管理者的"用才"之道

作为一个管理者，如何将不同类型的员工匹配到合适的岗位？如何凝聚所有员工向着共同的目标迈进？如何衡量员工的绩效？如何将绩效与激励挂钩？这些都关涉知人善用和绩效管理。

知人善用

从态度和技能两个维度，可将员工分为四大类：态度好、技能强的高潜质型"人财"，态度好、技能差的技能不足型"人材"，态度差、技能强的意愿不足型"人才"，态度差、技能差的无可救药型"人裁"。

"人财"适合担任中高层重要岗位；"人材"适合担任基层岗位，继续锻炼；"人才"适合担任中基层岗位，经培训引导仍不改变的，应归类到"人裁"；为了避免浪费企业的人力资源，给予三次机会仍无改善的"人裁"，有必要进行清理，启动人员退出机制。

对于"人财"，管理者需要I特质，充分授权，并为其鼓掌喝彩；对于"人材"，管理者需要发挥C特质，用顾问的方式给予指导，提升技能；对于"人才"，管理者需要发挥S特质，用教练的方式循循善诱，激发热情；对"人裁"，管理者需要发挥D特质，采取指令的方式，明确具体要求。

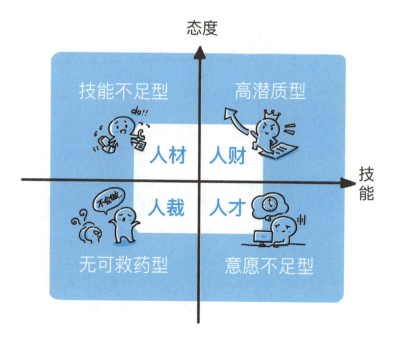

绩效管理

什么是绩效管理呢？绩效管理等同绩效考核吗？不是。绩效管理是一个过程，即首先明确组织（团队/个人）要做什么（目标和计划），然后找到衡量工作做得好坏的标准（构建指标体系）、进行监测（绩效考核），发现做得好的进行奖励（激励机制），使其继续保持或者做得更好，发现不好的地方，通过分析找到问题所在，进行改进，使工作做得更好。

绩效管理是团队在目标共识和目标达成过程中，上下级之间持续沟通、反馈、指导和支持的活动。绩效管理不是简单的任务管理，它特别强调沟通辅导及员工能力的提高。

绩效管理的流程分为四步：

第一步：绩效计划。自上而下制定公司目标、部门目标和个人目标，反复沟通，建立共识。上下级是绩效伙伴关系，对指标共同负责，上级要对下级达成指标与否负责。

第二步：绩效辅导。平时观察下属的绩效行为，随时进行辅导和反馈，并做好记录，中期进行评估，必要时调整计划和目标。

第三步：绩效考核。自下而上进行个人绩效评估和组织绩效评估，通过沟通达成共识。推行绩效考核时，不要过于强调考核和奖金挂钩，要强调职责和标准。

第四步：绩效激励。绩效结果应用于激励和改善，包括薪酬福利的调整、职务调整、绩效改进计划、培训发展计划等。

考核指标一般有四个维度，通俗地讲就是(数量)多、(时效)快、(质量)好、(成本)省。与数量相关的指标，是指可量化的工作任务和目标，比如销售额、回款额、区域业绩目标达成率、新品售出率等。与时效相关的指标，指何时达到某业绩目标，必须达到某业绩的最后期限，如产品促销资料完成及时率、准时交货率、招聘周期达成率等。与质量相关的指标，是指质量或效率好坏、准确程度、完整性或原创性，如新店成活率、渠道发展评价、不良率、流失率等。与成本相关的指标，指成本的高低或团队成员完成工作的成本指标，如销售成本控制、制造成本控制、行政成本控制等。

考核指标确定后，接下来要制定绩效目标。绩效目标的分解逻辑是自上而下的，先确定公司长远目标，再分解为公司年度绩效目标，再分解为部门绩效目标，最后分解为个人绩效目标。

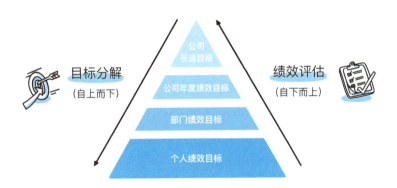

常用的绩效考核方法有两大类：一类是结果导向型，包括关键绩效指标法(KPI)、目标管理法(MBO)、平衡计分卡(BSC)、目标关键结果法(OKR)；一类是行为导向型，包括关键事件法、行为观察量表法、360度绩效评估法。管理者可根据企业发展阶段的实际需求来选择绩效考核方法。

顺便介绍一下绩效考核常见的八大误区：我同心理、苛求效应、一律平等、期待重于现实、晕轮效应、角效应、怀柔效应、刻板印象。这里重点解说一下晕轮效应、角效应和刻板印象。晕轮效应又称光圈效应，指管理者因下属某个特别突出的优点、品质，而忽视了对其他品质和缺点的了解。角效应与晕轮效应相反，下属在某次事件中给管理者留下了坏印象，从而导致管理者对其在其他方面的表现吹毛求疵。刻板印象指的是管理者对某一类人或事物产生的比较固定、概括而笼统的看法，比如认为经常加班的下属一定比准点下班的下属更有责任心等。

最后，我们来谈谈绩效反馈。很多企业的绩效管理制度很完善，绩效管理的闭环流程也很完整，但是忽略了绩效反馈的重要性，要么简单应付一下，要么根本没做这一步。绩效反馈的价值是巨大的，花一个小时左右的时间与下属坐下来进行绩效面谈，不仅可以借此机会回顾过去、传达结果，更重要的是可与员工一起关注未来的发展。绩效面谈的主要内容包括四个方面：工作业绩、行为表现、改进措施、新的目标。

在绩效面谈前，要做好充分的准备，和下属预约面谈时间，预定小会议室，准备面谈资料（如绩效评估表、统计数据、关键事件记录表等）。

在绩效面谈的过程中，做到形式正式，过程轻松、互动；可采用在表扬后提出改进建议，最后表达期望的面谈方法。

管理者的"育才"之道

常见的管理误区：人才培养是人力资源部门的事情；教会了徒弟，饿死了师傅；每天忙得团团转，没有时间培养员工；员工成长速度太慢，实在是没耐心；教员工很花时间，还不如自己做更快；学习成长是员工自己的事……

时代在变，管理者的角色在变，观念也要跟着转变。管理者以前关注计划、执行、控制、分析，以事为中心，代表权威和服从；现在关注授权、激励、员工培育、团队建设,以人为中心,强调共创。在互联网时代,管理者不再具备原来的信息拥有者优势,所以要转变观念,积极培育员工,共创共赢;员工需要加快学习速度,提升工作表现和能力,增加自信和工作满足感,获得发展机会。

员工发展有三个阶段:依赖阶段、独立阶段、互赖阶段。不同阶段所需的能力不同,管理者需要发挥不同性格特质,培养员工。

入职半年至一年为依赖阶段,管理者主要培养员工的执行能力、判断能力和分析能力这三项必备基本能力,要做员工的"保姆",主要发挥D、C特质,定目标、定规矩、给方法、下指令、带着走。

在岗一年至三年为独立阶段,管理者主要提升员工的组织能力和总结能力,管理者要做员工的"教练",主要发挥S、C特质,从旁协助,关键时刻给予指导,鼓励员工独立思考和解决问题。

在岗三年以上为互赖阶段,管理者主要培养员工的领导能力,管理者要做员工的"伙伴",主要发挥I、S特质,对员工授权并共享愿景,鼓励员工自我挑战、充分自主。

重点介绍教练型管理者的员工辅导技巧。

教练型管理者有三大转变:从关注事,到关注人;从关注过去,到关注未来;用问题解决问题。发问,是教练型管理者辅导员工时常用的技巧,其价值和意义体现在将单向沟通转化为双向沟通,令对方感到开放和被尊重,有助于深度了解事实和问题,令对方自我说服并能掌控沟通大局。

教练型管理者常用GROW辅导模型。

goal(目标):和员工共同讨论,对产出结果达成共识,设立长期目标。问话模式有:你的目标是什么?你想什么时候实现呢?是有挑战和可实现的吗?你将如何衡量呢?……

reality(现实):挖掘真相,澄清事实,理解问题,邀请员工自我评估。问话模式有:现状怎么样?发生了什么事?多久发生一次?你做了什么?其他相关人员做了什么?……

options(选项):探寻所有的备选方案,邀请员工提出建议。问话模式有:你有什么方法来解决这个问题?你可以做什么呢?除此以外,你还可以做些什么?如果需要从这些方法中做出选择,你会怎样考虑?……

will-do(行动计划)：阐明行动计划，设立衡量标准，建立自我责任。问话模式有：你打算怎么做？你什么时候开始？各环节什么时候结束？你需要什么支持？什么时候需要支持？你可能会遇到什么障碍？如何解决这些障碍？……

管理者的"留才"之道

如何才能留住人才呢？员工激励尤为重要。彼得·德鲁克在《管理理论》中写道："对人最好的激励，就是给他最需要的。"

这里重点介绍马斯洛的需求层次理论。马斯洛将人类的需要分为生理需求、安全需求、社交需求、尊重需求、自我实现五个层次。每个人都潜藏着不同层次的需要，但在不同时期表现出来的各种需要的迫切程度不同。人最迫切的需要才是激励人行动的主要原因和动力。

各类需求的关注点不同，未满足时的表现也不同，需要采取的激励方式也不同。作为管理者，你要问自己：你的下属处在哪个阶段？依据是什么？哪些需求的满足是你能决定的？哪些是你能影响的？如何做好你能决定和影响的事情？

物质方面和精神方面的需求，是人们产生某种动机，导致某种行为的主要源泉，因此激励也分为物质激励和精神激励。

物质激励是指运用物质的手段使受激励者得到物质上的满足，从而进一步调动其积极性、主动性和创造性。物质激励有工资、提成、奖金、分红、股权、国内与国际旅游等，它的出发点是关心员工的切身利益，满足员工的物质生活的需要。物质激励有两点需要关注：一是要与相应的制度结合，以制度为保障。二是要公正，但不搞平均主义。为了让激励公正，必须对所有员工一视同仁，按统一标准奖罚，不偏不倚，否则将会产生负面效应。平均分配奖励等于无激励。

精神激励与物质激励相对应，采用精神鼓励调动员工的积极性。

精神激励和物质激励紧密联系，互为补充，相辅相成。精神激励需要借助一定的物质载体,物质激励则必须包含一定的思想内容。下面介绍常用的十种精神激励方法。

榜样激励:以身作则树立行为标杆。在任何一个组织里,管理者都是下属的镜子。可以说,只要看一看这个组织的管理者是如何对待工作的,就可以了解整个组织成员的工作态度。要让员工充满激情地工作,管理者要先做出榜样,用自己的热情引燃员工的热情。

目标激励:目标能激发员工不断前进的欲望。管理者通过设定适当的目标,可以有效诱发、引导和激励员工的行为,调动员工的积极性。

授权激励:重任在肩的人更有积极性。通过授权,管理者可以提升自己及下属的工作能力,更可以极大地激发下属的积极性和主人翁精神。准备充分是有效授权的前提,授权对象要精挑细选,还要看准授权时机、选择授权方法,确保权与责的平衡与对等。

尊重激励:给人尊重远胜过给人金钱。尊重是最人性化、最有效的激励手段。以尊重、重视员工的方式来激励他们,其效果远比物质的激励来得持久、有效。尊重是激励员工的法宝,其成本之低、成效之卓,是其他激励手段难以企及的。

沟通激励:下属的干劲是"谈"出来的。有效沟通是建立良好的上下级关系的前提。沟通是激励员工的法宝,沟通带来理解,理解带来合作。

信任激励:信任是启动积极性的引擎。作为管理者,你在哪个方面信任员工,实际上也就是在哪个方面为他勾画了意志行为的方向和轨迹。信任也是管理者激励诱导员工意志行为的一种重要途径。

赞美激励:赞美是效果奇特的零成本激励法。每一个人,都有较强的自尊心和荣誉感。管理者对员工真诚地表扬与赞同,就是对其价值的最好承认和重视。能真诚赞美下属的管理者,能使员工的心灵需求得到满足,并能激发他们的潜能。

情感激励:让下属在感动中奋力打拼。一个管理者能否成功,不在于有没有员工为你打拼,而在于有没有员工心甘情愿地为你打拼。管理者要不放过雪中送炭的机会,主动提携有潜力的员工,将关爱之情扩展到员工的家庭。

竞争激励:竞争是增强组织活力的无形按钮。良性的竞争机制,是积极的、健康的、向上的,能充分调动员工的积极性、主动性、创造性和争先创优意识,全面提高组织活力。

文化激励：用企业文化熏陶出好员工。企业文化是推动企业发展的原动力，它对企业发展的目标、行为有导向功能，将每一位员工凝聚在一起，良好的企业文化才能成就有自豪感和荣誉感的优秀员工。

这十种常见的精神激励方法，对于不同性格特质的人来说，激励效果不一样。D 特质员工追求结果和权力，目标激励、授权激励、竞争激励更有效；I 特质员工追求注意和认可，沟通激励、赞美激励更有效；S 特质员工需要支持和关怀，信任激励、情感激励、文化激励更有效；C 特质员工追寻事实和程序，尊重激励、榜样激励更有效。

员工聚焦事，管理者聚焦人，从员工到管理者，关键是要提升人际敏感度。DISC 行为风格理论的应用贯穿人才的选、用、育、留各个环节，助力每位管理者做好人力资源管理，创造更高的业绩。

曾瀛葶

DISC双证班F88期毕业生
组织健康全球认证引导师
ATD全球认证人才发展师
世界500强公司销售总监
企业大学校长

扫码加好友

DISC助力组织健康
——克服团队协作的两大障碍

兰西奥尼组织健康四原则

2013年,诺基亚前CEO约玛奥利拉在记者招待会上,公布同意被微软收购时说:"我们并没有做错什么,但不知为什么我们输了。"他的话引得在场的诺基亚高层们潸然泪下。然而,事实是在此之前数年,诺基亚在鼎盛时期内部就已经隐患重重,可怕的办公室政治、内部斗争、各自为政等,致使诺基亚人才流失、错失良机,最后回天乏力。

无论是成熟大公司,还是初创小公司,都会出现类似的问题。被《财富》杂志评为"你应该知道的十大新锐管理大师之一"的帕特里克·兰西奥尼(Patrick Lencioni),把这些统称为组织的问题。兰西奥尼的思想和原则得到了世界各大企业领导者的认可,被称为最著名的新一代管理学学说,其工具和方法被各类组织采用。

兰西奥尼指出:一个组织的成功主要有两个因素:一是聪明,一是健康。这两个要素同等重要。聪明是指战略、财务、营销、技术等过硬的实力,在经济、战略、市场和技术等方面成功运作。它是成功要素的一半,但却吸引了98%的注意力。健康是指最少的办公室政治、最少的混乱、高涨的士气、高效率、优秀员工低流失率。这意味着尽量减少机构间的内耗,避免人浮于事,减少摩擦和误会,提升士气和效率,避免做无用功。

当组织出现业绩下滑、增长速度渐缓、市场出现优秀竞品等内外问题时,我们更多向着"聪明"因素找原因。"聪明"因素固然重要,"健康"因素却是根本。

组织机构的健康是一个公司唯一且最有力的竞争武器。遗憾的是,企业领导者更愿意在市场、技术等方面提升公司的竞争力。

我有幸在几家世界500强公司做到管理层,其中一家百年公司以矩阵式架构鼻祖著称,另外几家中年公司正在往矩阵式架构方向转变。我充分见证和理解了在公司的发展历程中需要矩阵式架构,这种架构内部互相制约、互为辅助,通过牺牲效率来保证组织的长远发展。然而,庞大的组织人员架构也是各种组织病的温床,光靠盛名或者高薪来招聘高学历员工,或者财大气粗地投入建设企业文化团队,都不能根除弊端,无法量化结果和明确鉴定行为。

兰西奥尼通过多年的研究和实践指出,可以从四个原则入手,建立一个有凝聚力的领导团队,建立明确性、强化明确性、不断传达明确性,打造健康的组织机构。

那么,何为健康的组织机构呢?有以下几条原则。

第一,建设一个有高度凝聚力的领导团队。领导团队必须满足以下条件:互相信任、掌控冲突、分工明确、有责任心、注重结果。

第二,整个机构要有明确的方向。机构需明确以下六个问题:我们为什么存在?我们该如何表现?我们做什么?我们如何实现成功?目前最重要的是什么?谁必须做什么?

组织健康的四原则象限

第三,通过充分沟通,使机构策略方向明确。

第四,通过实际行动,使机构策略的明确性更加坚固。机构的决策应为明确之策略方向的有力注脚。

在四条原则中,建立一个有高度凝聚力的领导团队是首要原则。领导团队由一小群人组成,他们有着相同的目标,大家愿意一起为这个目标共同努力。

兰西奥尼归纳了影响团队协作的五大障碍。

第一,**缺乏信任,表现为互相戒备**。健康团队的成员彼此之间具有发自内心的、真挚的信任,彼此能够体谅各人的弱点、错误、恐惧。

第二,**惧怕冲突,表现为一团和气**。健康团队的成员如果彼此互相信任,就不会惧怕在有关组织成功的关键问题或决定中发生争执,所有人的注意力都集中于找到答案、发现方法或做出正确的决定。

第三,**欠缺投入,表现为模棱两可**。健康团队的成员,对于重要的决定,即使在开始阶段有不同意见,也能够进行毫无保留的争论,最终达成共识。

第四,**逃避责任,表现为低标准**。健康团队的成员,能够围绕决定及业绩标准,毫不犹豫地彼此承担起相应责任,而不是依赖团队领导来承担完成业绩的主要责任。

第五,**无视结果,表现为关注自我、忽视集体**。健康团队的成员彼此信任,自我激励,作出承诺,并且主动承担起相应责任。

DISC 助力解决团队协作两大障碍

任何一个组织，都可以通过具体的行为，立刻实现良性改变。在团队协作五大障碍中，缺乏信任和惧怕冲突两大障碍，对团队健康影响巨大。只有互相信任，坦诚面对现状、事实、危机，并愿意通过碰撞、对抗探寻方案，才有可能建立良好的团队氛围，从而为扫除其他障碍提供前提。DISC 可以精准击中要害，助力突破障碍。

从缺乏信任到建立信任

我们谈到对某人的信任，对组织成员的信任，都源于已经发生的被证实过的能力、效果、优秀品质等。作为被评判的个人，也往往热衷于赢得信任。然而这不足以建立一个团队所必备的真正信任。真正信任，是"基于弱点的信任"，即"背靠背的信任"。团队成员可以彼此毫无保留地暴露自己的弱点，可以毫无顾虑地说"这块我不是很擅长，我需要帮忙""我把事情搞砸了""你的主意比我好""对不起"。只有毫不隐藏自己的弱点和错误的时候，才能建立一种深刻的、独有的、很难被打破的坚固信任。基于弱点的信任，执行的关键是要让参与的人了解到信任也是一种选择，是一种人们愿意放下恐惧与骄傲，为了团队利益而自我暴露、自我牺牲的选择。

帮助团队成员建立基于弱点的信任，有两个快速且行之有效的办法。

第一，个人经历分享。让团队成员迅速分享当下的弱点，基于职位和社会角色的顾虑，不太现实。引导团队成员分享童年或者青少年时期的困难经历或者弱点，再依据心理学中追溯源头的理论，可以打破我们常见的错误归因方式。

一位 CFO，不同意业务部门关于扩大投入的建议，对财务开支报销总是有疑义，给人留下这样的印象：她想要控制我们、显示财务权力，不信任我们。通过个人经历分享，同事们了解到这位 CFO 是在一个贫穷的家庭中长大，她排行老大，父母非常保守，从小就养成了节俭持家的习惯。同事们因而更加合理地对待报销审核的问题，更加理解这位 CFO 的行为。

第二，性格测试。推荐使用 DISC 测评工具。美国心理学家威廉·莫尔顿·马斯顿博士发现行事风格类似的人会展现出类似的行为，这些复杂的行事风格都是可辨认、可观察的。DISC 测评工具将人分成了四类：支配型（简称 D 型），影响、社交型（简称 I 型），稳健、支持型（简称 S 型），服从、思考型（简称 C 型）。

DISC 测评工具更倾向于评测经过后天调试和训练后的行为表象。领导团队成员都是一群经过职业生涯和丛林法则锤炼的成功者，其行为已经得到了修正。基于其行为可以快速了解其风格，并针对其工作风格进行适配。通过评测，可让领导团队成员了解各自行为的倾向，消除误会，建立信任。

从惧怕冲突到掌控冲突

在这里，冲突是在讨论重要问题和做关键决策时，人们表达不一致的意见，甚至进行必要的争论。在相互信任的环境中，冲突只是对真理的追求，目的是寻找最好的答案。健康的组织需要良性冲突。良性冲突，是有建设性的积极冲突，是围绕团队的重要问题所进行的热情、毫无保留的争论。良性冲突具备三个非常典型的特点：一是没有人保留自己的观点，二是会提出很多问题，三是会造成不适感。

不适感这个难点不突破，将会引发更多的不适和难点。我推荐利用 DISC 测评工具，帮助团队克服不适感。

一个 IT 集团的分公司，由市场部、销售部、售前技术部、实施部、财务部、人力资源部六个核心团队组成，分公司老总离职空缺，由销售部经理暂时兼任。这个分公司曾经是集团的明星团队，贡献度、竞争力曾在集团中排位靠前，但是现在业绩逐渐下滑到集团末尾。

带领他们建立信任的过程中，我为管理团队做了行为特征测评。销售部经理是 D 型，使命必达；人力资源部、实施部经理是 C 型，严谨缜密；售前技术部经理是 I 型，善于影响他人；市场部经理是 S 型；财务部经理是 I 型。

这样的团队组成,可能会出现什么样的冲突场景呢?我特意旁观了一次该团队的半年规划会。

销售部经理首先布置下半年业绩指标和重点项目,要求突破新市场,推进人工智能新方案。售前技术部经理高调响应,展示人工智能方案幻灯片。财务部经理不断提问和评价,其他人偶尔提问。——这是启动冲突阶段。D 型人发起观点,I 型人补充描述,C 型人分析利弊,S 型人贵人言少。

实施部经理提出开发经验空白,手头人才欠缺,举出市场同行的几个案例,表示落地存在很大风险。人力资源部增补了手头储备人才库的情况和薪资市场竞争指数,提出缺乏专业人员技能培训等人力资源方面的困难。销售部经理回应,必须转型,要求其他部门经理整理资源需求并上报,他表示自己会集中向上级集团申请。售前技术部经理表示愿意一试。——这是发生冲突阶段。D 型人不容挑战、强硬推进,C 型人看重数据、冷静克制,S 型人以和为贵、不爱表态,I 型人为团队考虑、乐于求变。

基于这些准备,我开始带领他们做良性冲突示范。练习的主题很简单,我先帮助他们理解了良性冲突的意义和三个定义,再让他们自己达成一个团队良性冲突契约规则,作为会议纪律,打印出来贴在会议室。

讨论开始了,销售部经理说:"咱们快点讨论吧,谁拿个白板来,谁来记一下。"市场部经理就开始往白板方向走去,人力资源部经理绅士地过去帮忙,两人将白板放在中间。

接下来,售前技术部经理大声地和大家讨论,市场部经理仔细地听着,想将售前技术部经理的说话重点写在白板上,但是好像提炼不出,只好暂时举着笔。实施部经理只听不说,销售部经理已经开始间或打断并帮售前技术部经理总结了:"你说的这些意思就是要大家充分发表意见。"人力资源部经理在销售部经理总结后接着说:"如果是规则,那就写人人都发言。"并开始润色和修正措辞了。实施部经理马上说:"那如果不发言呢?曾老师说了,规则是'要怎么,不怎样'或者'要怎样,否则怎样'。"售前技术部经理说:"违规发红包?"说着他就大笑起来,引得大家都大笑起来,除了销售部经理。

销售部经理马上说:"快点快点,不要闹了。要我说,就规定都要发言,没有否则,人人都要说。"售前技术部经理接话:"那怎么行,那还是要有惩罚的,不然规则立了就是白立,对遵守的人不公平。"销售部经理说:"那快点定一个出来啊,我就说,人人都发言,否则就别参加。"几个人同时说:"这恐怕不行吧!"除了拿笔的市场部经理。

销售部经理的脸色已经不好看了。我不得不提醒他们人人都要发言,于是他们都让市场部经理来提些想法。市场部经理见大家望着自己,也就说了些想法。最后,他们终于得出了团队冲突契约之———"人人都发言,沉默表示同意"。

在其中,我充分结合了各位成员的性格特征进行引导,帮助该团队达成了良性的冲突。比如,坚持要让 S 特质的市场部经理发表意见,不然他可能没有机会表达不同观点;杜绝 D 特质的销售部经理过快给出强硬提议,提醒他接受反对意见、不发脾气;提醒 I 特质的售前技术部经理发言要观点先行、控制时间等。

为了更好实践,我将良性冲突讨论分成两个主要部分,来分析如何引导良性冲突。

第一部分,启动冲突。根据良性冲突第一个特点:没有人保留意见、每个人都要发声,那么谁先说,谁率先提出建设性意见,启动冲突,则是关键。

D 型团队成员行动迅速、思考敏捷,擅长强有力推动事件进展,需要掌控状况,在组织中有极强的存在感,看重实际成果。启动良性冲突,快速得出事情的结论,对于 D 型团队成员来说,就是义不容辞的责任之一。当团队需要启动冲突进行讨论的时候,由 D 型团队成员来启动是个不错的选择。需要注意的是,他们说话有力量,态度直接,往往不苟言笑,气场很强,也容易带来压迫感。

I 型团队成员具备即兴、敏捷的思考力,具备纯熟的社交和沟通能力,不怕与陌生人沟通,喜欢被肯定,只要团队中有他们存在,几乎不会出现冷场的局面。遇到尖锐难缠的话题,I 型团队成员是最佳的破冰人选。请注意:I 型团队成员开场发言,营造气氛比表达观点更重要,想要获得更加成熟和真实的见解,不妨再听取他们后面的补充阐述。

S 型团队成员稳重而敏感,决策和行动比较缓慢,总是先人后己,遇到不同观点,会有焦虑不安的感觉,最不可能参与争吵和辩论。为了听取 S 型团队成员的意见,需要将话筒先递给他们。S 型团队成员是强有力的支持者,必然会成为变革的捍卫者,所以给予他们时间和机会参与良性冲突至关重要。

C 型团队成员思维缜密,注重逻辑与数据,是团队中最好的审计官和质疑官。

他们通过数据和事实或质疑或补充观点,因此不用特别为其安排发言顺序。

第二部分,冲突进行时。既保证良性沟通的边界,又激发冲突充分进行。

D 型团队成员有强烈的自尊心,最不喜欢权威被挑战,情绪反应大,不太容易接受别人的批评。否定或讨论 D 型团队成员的观点时,要婉转,不要直接用否定的词汇,可以引用大咖或经典例子来提供佐证,因为 D 型团队成员也认同其他权威。另外,讲述要点避免长篇大论,因为他们速度快,缺乏耐心。

I 型团队成员非常看重团队的认同,容易陷入自我振奋的情绪。因为他们创意极强且反应迅速,所以观点可能不够细致、缺乏细节。遭遇到不同的意见时,他们会变得轻率和情绪化。探讨争议的时候,要先热情给予其回应,夸赞他们。

S 型团队成员,崇尚和平,最不喜欢与人产生冲突,哪怕身为高管,遇到强压也难免选择默默忍受。S 型团队成员是团队执行力的定海神针,要充分考虑他们的感受。除去让他们先发表观点,避免其因观点对立而不安之外,在和 S 型团队成员讨论时,一定要多用暖心的话语,营造安全的氛围。

C 型团队成员追求卓越、讲究完美,能够让他们信服的是客观数据和分析本身。遇到挑战,他们会引用大量数据和证据。C 型团队成员语调平稳,当他们提出问题,说明他们已经有不满了。反驳 C 型团队成员时,要使用大量的事实与证据佐证。

突破了团队缺乏信任和惧怕冲突两大障碍,就夯实了团队协作基础,影响团队协作的其他障碍也就好解决了。

作为兰西奥尼慎重挑选和认证的中国团队协作引导先行人,我兢兢业业,致力于帮助组织提升组织的健康性,铸就一个强大、有竞争力的组织。为了帮助组织和成员双双受益,我一直在路上。

田淼

DISC双证班F67期毕业生
全国首批BESTdisc推荐咨询顾问
高级心理咨询师
FDT团队协作引导师

扫码加好友

企业管理提升
——DISC理论助力中国企业管理升级

作为一名在世界500强的中国企业工作了22年的管理者,我最大的愿望就是帮助中国企业的管理升级,帮助中国企业走向更加灿烂的明天。

缘何产生这样的愿望,是因为我切实地感受到中国企业的管理非常粗放,已经成为企业发展的桎梏,中国企业的管理升级已经到了刻不容缓的地步。

企业管理起源于工业革命,在企业创立之初,企业管理者基于工作任务进行分工与协作,从而形成了不同的劳动关系和组织结构。管理能力就是整个组织的核心能力。在"管理"这个理念被提炼之初,当时的管理者们已经通过一系列的实践,成就了很多伟大的企业。

随着时代的进步,古典管理主义大师如泰勒等人的理论,被后人进行了更多的改良,1943年,彼得·德鲁克接受美国通用汽车公司董事会的委托,对美国通用汽车公司的内部管理结构进行调研。彼得·德鲁克用了一年半的时间,研究美国通用汽车公司,积累了丰富的管理经验,并因此形成自己的理论,在1954年出版了管理的经典之作——《管理的实践》。如今,这本书如同彼得·德鲁克的其他书籍一样,成为管理者的必读书目。

相对于同时代的很多管理研究者,德鲁克的管理理论大多来自实践和观察总结,比如"顾客是企业的基石",还有"管理人员是企业的基本资源,是最稀有的。对管理人员管理得好不好,决定了企业的目标能否实现"等理论,现在已经被无数的企业和事实所证明。

近70年来,这些经典的理论依然指导着全世界的企业管理者,也曾帮助中国企业在管理领域不断实践,帮助中国企业管理者造就了许多知名的企业,产生了许多先进的管理理念和方法,比如海底捞的家文化、阿里巴巴的管理"三板斧"、华为的"以客户为中心,以奋斗者为本"、方太的"一家伟大的企业",无不闪现着中国管理的智慧。但特别遗憾的是,这样的中国企业还是太少了,绝大多数中国企业的管理水准比较低。中国企业的管理水平落后,已经成了阻碍中国企业前进的绊脚石。

从某种意义上说,企业的数量与质量、企业管理的水平,关乎国家与社会的稳定,也关乎人民生活的幸福度。进入 21 世纪,很多中国企业已经成为同行业的龙头企业,内外环境的变化,更需要建立中国的企业管理新理论。

得益于在国有企业工作 20 多年,从事管理工作 15 年,再加上 2012 年之后做管理方面的培训经历,我了解了很多类型的中国企业,也对这些中国企业的管理模式进行了研究,可以说,每种管理模式都有可取之处,但我也深深感觉到系统性解决企业实际管理问题的难度依然不小。

通过多年的学习和实践,我认为 DISC 理论对于帮助中国企业升级管理将起到巨大的作用。

DISC 理论模型的源起

美国心理学家威廉·莫尔顿·马斯顿博士在 1928 年出版的《常人之情绪》中提出:情绪是运动意识的一个复杂个体,它由分别代表运动神经本性和运动神经刺激的两种精神粒子传出冲动组成。这两种精神粒子能量通过联合或对抗形成四个节点,这四个节点是通过以下两个维度来划分的。

维度一:关注事/关注人。

维度二:直接(主动)/间接(被动)。

根据这两个维度可以把人大致分为 D、I、S、C 四种特质:

D 特质,代表支配:关注事、直接。D 是英文 dominance 的首写字母,单词本义是支配、控制。D 特质人士目标明确,反应迅速,并且有一种不达目的誓不罢休的斗志。

I 特质,代表影响:关注人、直接。I 是英文 influence 的首写字母,单词本义是影响、作用。I 特质人士热爱交际、幽默风趣,可以称作"人来疯"和"自来熟"。

S 特质,代表稳健:关注人、间接。S 是英文 steadiness 的首写字母,单词本义是稳健。S 特质人士喜好和平、迁就他人,凡是以他人为先。

C 特质,代表思考:关注事、间接。C 是英文 compliance 的首写字母,单词本义是服从。C 特质人士讲究条理、追求卓越,总是希望明天的自己能比今天的自己更好。

经过 90 多年的发展,马斯顿博士提出的 DISC 理论在内涵和外延上都发生了巨大的变化。利用 DISC 行为分析方法,可以了解个体心理特征、行为风格、沟通方式、激励因素、优势与局限性、潜在能力等等。DISC 理论还广泛应用于现代企业对于人才的选、用、育、留。

在学习和实践当中,我常常将 DISC 理论运用于领导力和沟通力的提升方面,帮助管理者反省自身可以提升的方面,提升领导力、沟通力、执行力。

DISC 与企业管理四任务

新时代,中国企业的管理已经到了需要调整的时刻,很多企业已经迈过了起步阶段,海尔学习日企经验、华为学习 IBM 经验的时代已经过去,绝大多数中国企业都在找寻新的企业管理模式。

各种战略模式,如名牌战略模式、多元化战略模式、国际化战略模式、全球化品牌战略模式、网络化战略模式、生态品牌战略模式、区域专营模式、全国连锁模式、零售服务商模式,很难简单说哪种模式好,哪种模式不好;哪种模式适合,哪种模式不适合,必须结合产品、企业、市场三方面的利益来进行权衡,更需要企业抓住主要方面、修好内功。

管理的工作就是内功。打铁还需自身硬,没有强大的实力,风口也是别人的;没有对企业清醒的认知和超前的布局,也只能与新时代种种红利擦肩而过。

把DISC理论与企业发展当中最重要的四方面任务联系起来,就能帮助企业做好管理工作。

我将基于DISC理论的企业管理四任务分为:组织形态、生产线、创新投入、人际沟通。

目标无法马上看到,组织形态的建设是可见的

企业自诞生之初就以追逐利益为目标,因为只有获得了利益,企业才能够求生存谋发展。当今社会,几乎所有的企业或在调整业务模式,或在实行大规模的业务模式创新。其目标都是通过各种模式的创新创造出更高的业绩,取得更辉煌的盈利。

拥有什么样的组织形态,对于企业的业务模式创新具有决定性的作用。遗憾的是,很多企业没有意识到这一点,所以很多公司虽然进行了很多模式调整、模式创新，但由于原有的组织形态限制，并未达到模式创新的目标，进而影响企业盈利。

确定合适的组织形态确保最终经营和战略模式达到预期目标，成为摆在管理者面前的第一道难题。组织结构明晰，企业管理就比较顺畅，工作效率就高，自然也能有效推进企业进行各种创新，扩大企业收益。

整体执行力的好坏无法看到，生产线的稳定操作是可见的

每个企业都想降低成本、节约能耗、提高执行力，有很多企业期待通过"大干快干 100 天""增产节约三个月"等短期的突击行为，达到花钱最少、赚钱最多的目的。

可现代企业的管理经验告诉我们，一个企业长期的稳定和发展，跟生产线平稳运行有着极大的关系。

生产型的企业，它的生产线如果能够保证 365 天，天天稳定运行无故障，那么它的成本一定会降到最低，创造的效益比也一定是最大的；经营性的企业，如果经营方式保持一种稳定的节奏，遵循正确的市场规律，而不是肆意妄为，那么它会迅速地发展壮大；服务型的企业，如果能够留住稳定、长期的客户，并持续引进新客源，以客户为中心，全心全意为客户服务，其企业效益也一定会处于领先地位。

聚焦本企业的生产线，就是聚焦价值，就是聚焦机遇和发展方向，就是聚焦本企业的生命力。

是否具备创新能力无法看到，为创新投入多少是可见的

世界不断变化，商业环境也随之变化，这将对企业的业务模式发起根本性的挑战，原有的竞争机制已经被彻底打破，优秀的企业一定是在变化的环境中，不断寻求创新的。

随着全球新兴经济体的快速发展，人民可支配的财富数量正在不断增大，我国消费者的消费需求逐渐提升，他们需要价值更高、更精良的产品和更为贴心的服务。以不变应万变的商业策略已经难以满足消费者日益增长的消费需求。企业只有通过对产品差异性、市场差异性的洞见，让自己的产品、服务独具特色，才能赢得

广大消费者的青睐。

想赢得广大消费者的青睐，只有一个方法：创新。

从政府到企业再到消费者，都对创新一词毫不陌生，但一个企业是否真正具备创新能力，不在于叫得多响亮，而在于它为创新投入了多少，取得了多少专利，或者打入了多少新领域。

我们无法客观判断一个企业的创新能力，但可以发现越来越多的企业对于创新的投入有着更加明确的要求。愿意将30%以上的全年利润投入创新的企业，一定会比那些投入份额少的企业的创新能力更强，更有发展前景。

企业文化的融合度、凝聚力多强无法看到，和谐的人际沟通是可见的

组织形态的变革、生产线的稳定、创新投入，都离不开人员的协调组织和发展。

在当前的市场经济条件下，企业面临的压力巨大，但任何企业都要为发展储存人才，保持对人力资源的关注，留住并激励优秀的人才。

优秀的人才，关乎企业的生存和发展，能够准确执行企业的战略，是公司未来的成功保障。

不论企业的文化手册写得如何花团锦簇，墙上的标语贴得再琳琅满目，办公大楼因加班天天灯火辉煌，但如果整个企业的人员既不沟通，也不协作，这个企业也难以获得持续的发展。

只有相互扶持、相互信任、相互依靠、相互共赢的团队才能帮助企业在竞争激烈的市场环境下生存。天时地利人和，缺一不可。

企业管理者，要像对待家人一样对待员工，营造良好的工作氛围。让每一位员工都能在企业获得归属感、安全感、成就感，才能凝聚全体员工的智慧和能力，为了共同的愿景奋力前进。

参照DISC理论，企业管理者定期对于本企业的组织形态、生产线、创新投入、人际沟通进行检验，能有效跟踪管理工作中存在的问题并加以改进，确保企业顺畅发展。

DISC 理论在企业管理中的新延伸

中国原有的企业管理模式更趋向于家族式管理、模糊式管理和自我修身式管理，并没有明确的管理模式和固定的管理手段。亚当·斯密的《国富论》，掀开了西方经济学管理的篇章，泰勒的《科学管理原理》，对管理进行了比较直接的定义。西方古典管理学关注管理的理论、管理的定义、管理的一般性规律。现代管理学更加强调关于人的内容。一些管理学大师，如彼得·德鲁克（著有《管理的实践》）、赫兹伯格（著有《双因素理论》）、彼得·圣吉（著有《第五项修炼》）、稻盛和夫（著有《阿米巴经营》）、兰西奥尼（著有《克服团队协作的五项障碍》）等，都对当代的管理学理论产生了很大的影响。

DISC 理论对个人管理、识人管理、经营管理有一定的指导作用，灵活运用四种特质的沟通方式，结合管理上的许多经典案例，可以在计划、组织、指挥、协调及控制方面指导相应的管理实践工作。将 DISC 理论结合中国人的思维，一定能够帮助中国企业的管理者在管理理论与实践方面实现新的跃升。

计划方面，确定工作流程，切实结合工作清单，强化目标的分解与计划执行工作，为切实落实年度目标做准备，凡事预则立不预则废。

组织方面，理论与实践相结合、市场与生产相结合、变化与应对相结合，事务与人际关系相结合、组织形态与战略模式相结合，建立稳定的工作框架，夯实企业发展基础。

指挥方面，学习并提升相关管理技能，强化管理者的个人能力和诚信体系，丰富企业管理手段，创建管理新思维、新方法。

协调方面，利用 DISC 理论进行人与人之间的沟通，根据各种情景需要呈现适合的行为特质。遇到事情的时候，提醒自己：凡事必有四种解决方案。

控制方面，DISC 理论对工作执行有很大帮助。以人为本，帮助员工改变原有的精神面貌。执行力的落实方面，按步骤按方法实施操作，会提升员工的自信心、价值感、成就感，降低企业成本。

DISC 理论教会企业管理者用一种新方式与员工沟通,从而提升每位员工的执行力,促使员工的精神面貌发生翻天覆地的变化,企业的文化氛围因而更好,企业因而更能获得客户的喜爱。

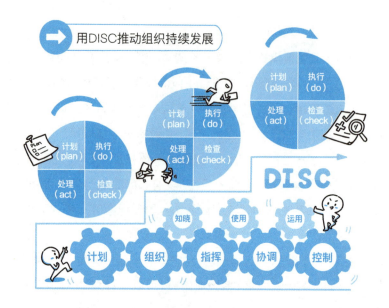

结语

经过了四十几年的改革开放,中国的企业已经越来越规范,越来越壮大,不仅走上了世界的舞台,而且成为某些舞台上的主角,但我们绝不能沾沾自喜,因为商业环境瞬息万变,更多强大的国际竞争对手还在虎视眈眈。

国际大企业大都经历了长期的从纯粹的产品生产向服务业务模式转型的演化历程。中国企业也将融入这一发展趋势。成功向服务转型的企业将能创造更大的利润、赢得更多的顾客,在新一轮竞争中脱颖而出。而这一切都离不开管理。

中国企业的管理者对于企业系统性的、整体的管理,对于企业中人的管理,对于企业人际关系和谐程度并不在意。只运用西方的管理理论管理中国企业,是一件很悲哀的事情。当我们将个性化管理,将中国的以人为本思想,将中国文化的多元性理念融入企业管理当中,会发现 DISC 理论对企业管理的重要作用。

已经有一大群伙伴正在将自己的所学所知用于帮助中国企业进行管理升级,虽然力量还很微弱,但我们为企业每一次因我们而发生的改变而自豪。

我也期待有更多人为中国企业的管理升级、为中国企业的发展、为中国的发展做出更大的贡献。

第二章

管理之道

李坤林

DISC双证班F57期毕业生
深圳培训师联合会创会秘书长
高能领导力发展导师
碳达峰与碳中和培训导师

扫码加好友

铸就高能领导者
——四个维度快速提升领导力

高能领导者是拥有正能量、较强的业务能力和管理水平的管理者,具备高能领导力。我们可以从认知、思维、能力、工具四个维度衡量一个人的领导力。

做得好不一定管得好,DISC 助你了解自己

在职场中,技术明星往往被提拔为管理者,他们却因为缺乏管理知识和能力而进退两难。小航一直勤勤恳恳,人也聪明,反应快,很快被上级提拔为部门副主管,

协助主管处理部门日常事务。小航没有学过企业管理课程，也没有任何管理经验，刚刚担任管理岗位时，可谓是胆战心惊、如履薄冰，感觉心有余而力不足，不知道到底应该怎么管理，也不知道怎么处理和同事的关系。他总觉得很吃力，升职不到半年就选择了离职。

"让我做事可以，让我管人，我不适合，也不愿意。"为什么会有这种想法呢？因为性格。性格，由天性和习性组成。天性是先天遗传基因，习性是受后天生活环境、工作环境、社会环境所影响和发展的一种特性，所以，我们常说原生家庭的环境对孩子未来的影响很大。

我们一起思考一个问题：性格可以改变吗？我认为是可以的。

一个人的发展最主要的还是由后天的行为风格、沟通力、执行力、资源整合能力所决定的。领导力不是天生的，卓越的领导力是需要不断学习、修炼、锻造的。

天性难以改变，但是后天的行为习惯是可以改变的。李海峰老师在《我为什么看不懂你》和《DISC职场人格测试学》里详细讲解了DISC理论。基于DISC理论，我们根据人的行为特质把人分为四个基本类型，即D支配型、I影响型、S稳健型、C谨慎型。了解自己才能更好地发展自己，了解别人才能更好地理解别人。

高能领导力探究

如何做一个合格的、优秀的领导者呢？

领导和管理是一个系统性的体系，领导力是管理者需要长期实践的核心能力，领导力是一个变量，是不断积累经验和修炼的过程。我们谈一谈如何通过运用DISC理论提升领导力。

认知水平影响领导力的发展

人与人最大的差距其实是认知和思维的差距。

认知是对一件事物的认识理解，是由人的学识、经历、经验、阅历等组成。企业为何在招聘的时候要求应聘者一定要具备一定的学历,甚至要求是名校出身?因为学历能反映应聘者的学习力、自律性和认知水平。

领导者提升自己的认知水平一定要清楚两点:

第一,你的上级可能影响你对管理的认知。 很多领导者并不是科班出身,常常使用的那些管理手段、沟通技巧基本都是从领导那里偷师学来的。领导的认知水平和管理水平很可能就决定了我们的认知高度和管理能力。跟对领导对我们的职业发展、领导力发展是很重要的。我们要善于模仿和跟随,学习领导的优秀品质。

第二,领导者要爱好学习、善于学习。 想要进步、突破,就需要向更多优秀的人学习,与更优秀的人为伍,提升自己认知水平和管理能力。今天,我们学习知识的渠道很多,但也需要认真筛选、辨别。

学什么?要求我们审视自己,确立清晰的生涯规划,弄清楚什么是自己已经具备的,什么是自己还欠缺的,对症下药。送大家一句话:不要盲目学习,要根据自己的需要有选择地学习!

怎么学?我的建议是要系统地、反复持久地学习,刻意地练习,边学边应用。这几年,我学了很多大师级的课程,投入了不少的时间、精力和学习费用,但是我始终坚持不断提升我对管理的认知和理解,学习使用更多高效的管理工具。

站在更高的位置审视和要求自己

我的一位朋友,我们认识10年以上了。10年以前,他就在一家企业做主管;10年过去了,他又在另外一家企业做主管。我和他深谈了一次,在他滔滔不绝的表述中,我感受到他背后的抱怨:在管理生涯里没遇到伯乐。我发现最大的问题是,他从来没有认识清楚自己的角色。他一直没有问:我自己的角色是什么?我应该做一个什么样的领导者?我对未来的期待是什么?

亨利·明茨伯格把管理角色分成十种角色,而我的这位朋友,自始至终只扮演了信息传递者和执行者的角色,缺乏对领导者更高层次的认知和理解,缺乏担当,只是做好他分内的工作,企业怎么发展他不关心,不关心员工,也不操心外部的环境因素。他只把自己当成一位普通职员。这就是他这几年始终没有升职的关键原因。

一名优秀的领导者,始终要站在比自己职位高一级的位置看待自己的角色。

主管要站在经理的位置,经理要站在总经理的位置,总经理要把自己放在老板的位置。只有永远站在比现在更高的位置来看自己,才知道什么是领导真正想要的,才有努力的方向,才有进步的机会,才有晋升的可能和空间。

对领导力的认知,决定领导力的发展

我小时候,村里有一位小伙伴,在同龄的孩子里面,他算是个头比较小的。虽然矮小,但每次在玩耍时,总能看到他的身影,也总能看到他跑在最前面,脏脏的小脸上始终洋溢着灿烂的笑容,伙伴们都喜欢和他一起玩。不管玩什么,他后面总是跟着一群小伙伴。到了上学时,他成绩不好,在班上也比较调皮,因此老师不大喜欢他。不过他和同学们的关系很好,可以说是班里的"开心果",所有同学都喜欢和他一起玩。多年后,听说他开了公司,经营得不错,手下员工也有好几百人。有一年回家,我特地拜访了他。得知我在做管理咨询顾问和企业培训,他特别热情和谦虚地向我请教经营管理方面的问题。我更好奇他这几年怎么经营和管理这家企业,曾经父母眼里不争气的孩子、老师眼里的捣蛋鬼如何会有今天的成就。我请他带我参观了他的企业,走了一圈,我很有感触。每一位员工见到他都会亲切问候,他也会第一时间很礼貌地点头微笑:"好好干,加油!"每位员工的表情让我想起了儿时大家和他一起玩耍的表情,开心、愉悦!

他的总经理是管理科班出身的,一直对我说老板的领导力特别强,人也很仗义,企业的凝聚力很强,员工们的执行力也很强。

领导力究竟是什么?领导力是天生的吗?我们是否具备领导力?

领导力的书本定义是:激发别人心甘情愿完成目标的能力。我的理解是,领导力就是影响力,你能影响多少人就能领导多少人。影响力的基础是什么呢?那就是信任,是彼此的信任。他信任你,你就能影响他,你能影响他,就能领导他。最终决定领导力的是团队成员的信任。

我认为,领导力是天生的,因为人人都会产生影响力,人人都具备领导力。但是,即便领导力是天生的,人人都具备,卓越的领导者也需要不断学习、修炼领导力。

D、I、S、C四种特质与高能领导力的四个维度刚好对应:D是认知,是见识,是眼光高远；I是思维，思维需要开阔，能收能放；S是能力，具备更多更专业的能力才能有备无患、从容不迫；C是工具，工具可以让我们事半功倍。我们根据这四个维度去测评自己的领导力，刻意思考、学习和实践。

那如何快速提升我们的领导力呢？

管理思维决定了领导作为

任何事情的成功始于一个小小的想法

思维模式是我们基于惯有的认知结构，通过直觉来判断和反映一个事物的过程。思维模式决定人的行为，人的行为决定人的习惯。

提升领导力，要充分应用I特质，扩展思维。管理者在企业决策、经营管理、问题分析和解决等方面都需要谋定而后动。管理思维决定管理成效。虽然，我们在管理实践中交替使用多种不同的管理思维，但是由于大家对这些管理思维的特性、优点、缺点缺乏更深入的了解，往往容易造成思维的混乱与组织内部的纷争，大大影响管理的成效。

企业管理要坚持辩证思维。事物的发展有其内在的规律，事物之间也有相互联系，这决定了我们看问题、做事情必须坚持辩证思维、坚持发展观，这样才能看到本质，抓工作才能抓住关键。

管理者必须具备的思维

管理者必须具备的思维有危机意识、责任思维、全局思维、底线思维、结果思维、双赢思维等。这里我单独介绍危机意识和责任思维。

"黑天鹅"一词比喻非常难预测的小概率事件,可一旦发生便会产生巨大影响。"灰犀牛"是指太过常见以至于人们习以为常的风险,比喻大概率且影响巨大的潜在危机。很多突发事件看似偶然,其实都有源可溯、有迹可循——危机明明已经存在,人们却视而不见,心存侥幸,拖延应付,最后眼睁睁被它一头撞翻。当我们面对"黑天鹅""灰犀牛"的时候,我们有没有意识到并采取措施去解决它?这点对于领导者至关重要。这就需要领导者具备一定的危机意识。什么是危机意识呢?危机意识是指对紧急或困难关头的感知及快速应变的能力。当企业遭遇"黑天鹅""灰犀牛"的时候,领导者能否快速响应,并有效解决处理,这是考验领导者的核心要素之一。

面对"黑天鹅""灰犀牛",领导者应该怎么做?我总结为三点:第一,领导者要有危机意识,做好危机防范和预案。第二,做好第二曲线。如何做好第二曲线?如果你作为一家培训公司的领导者,面对一些突发情况,公司不能开展线下培训业务,这个时候,你应该如何做?利用发达的互联网技术开展线上培训业务就是第二曲线。但这个前提是,企业的领导者必须始终关注行业的发展趋势,为公司找到第二曲线。这需要企业领导者对行业的发展和顾客的需求有着精准的预判和把握,并且愿意带领员工进行尝试。第三,扩大自己的影响力。高效能的领导者需要把更多的时间用在提升人际关系、学习、品德和能力的塑造上面,以扩大自己的影响力,当自己有更大影响力的时候才会拥有更多的资源。当领导者遭遇各种危机,才能获得八方支援,化解困难。

衡量一个人是否真正成熟,不是看他的年龄,而是看他是否已经具备了责任心和担当的精神。小伙子第一次见女朋友家长,家长最关心的不是小伙子是否家财万贯,而是看人品及是否具有家庭责任感。企业管理中,领导看重下属的首先还是人品,最重要的还是看下属有没有责任心。

责任心是强化个人核心竞争力的秘密武器。很多人可能都看过阿尔伯特·哈伯德的《致加西亚的一封信》,书中的主人公罗文之所以能够在什么都不清楚、困难重重的情况下把信送给加西亚将军,是因为他知道自己所肩负的责任重大,这关乎一场战争的胜败、一个国家的兴亡。正是这种强大的责任心,强化了他完成任务的勇气和决心,强化了他的执行力。

在一个企业中,每一个部门、每一个岗位都是相互关联、相辅相成的。如果团队中每个人都是极富责任心的,那么团队中也将会涌现出很多能够把信送给加西亚的罗文,每位员工也都能做到让自己满意、让同事满意、让领导满意、让客户满意,团队的执行力、工作水平、工作质量就会不断得到提升。

那么作为领导者,高度的责任心具体有哪些表现呢?

第一,善于自我学习从而带领团队进步。

第二,关心爱护每一位员工,做一把磨刀石,帮助每位员工获得成功。

第三,引导、指导、督导员工的工作。

敢于负责是一种工作态度,是一种生命态度,更是企业的灵魂。敢于负责是优秀领导者的职业基准,是企业基业长青的灵魂;责任心是领导者实现个人价值的基础,是带领员工获得绩效的有力保障;责任心是领导者必备的素质,是荣誉的象征,更是领导者成长和成功的基础。

领导者能力素质模型

具备更多更专业的能力才能有备无患、从容不迫地不断提升技能。

我们要清楚了解岗位的任职要求,了解岗位需要的能力和素养。结合自己的实际,发挥优势,补齐短板。在一个企业里,各级管理者的能力要求是不一样的。

领导者能力素质模型包含了三类能力:通用能力、独特能力,以及可以转移的能力。这些能力对个人绩效以及企业的成功产生关键影响。通用能力还包含了完成任务的能力、管理行为能力、人际交往能力、解决冲突能力、沟通能力、问题分析能力等。

此外,我认为领导者还应该具备强大的学习和应用能力,能灵活应用各种管理工具。

工具可以让我们事半功倍。工具是人类思想精华的凝聚。可以说,人类的发展史就是工具的演变史。企业领导者要善于应用管理工具,哪些管理工具是领导者需要学习和应用的呢？我推荐 DISC 行为分析工具、SWOT 分析、PDCA 循环、5W2H 方法、任务分解法（WBS）、鱼骨图、柏拉图、头脑风暴法、SMART 管理法、5S 管理、责任划分法、思维导图等。

今天，无数优秀的领导者正带领团队为社会创造价值。在瞬息万变的时代，要求领导者思辨、探究和践行高能领导力。从认知、思维、能力、工具四个维度，修炼高能领导力，能帮助领导者发挥管理能力，赢得影响力，做高能领导。

刘百嬿

DISC+授权讲师A2毕业生
资深财务总监
全国首批BESTdisc推荐咨询顾问
职场讲书教练、阅读指导者

扫码加好友

DISC+财务管理
——财务管理助力企业发展腾飞

财务管理是企业管理的重中之重。可以说,企业内外与钱相关的业务内容都在财务管理的范畴内,财务管理可通过企业经营活动、投资活动、筹资活动三类经济行为,筹措、运用、分配、监督资金的管理,使企业效益最大化。

运用 DISC 理论实现财务管理职能高效化

企业财务管理涵盖范围广、涉及内容多,大致包括:资金管理、资产管理、核算管理、报表管理、财务分析、预算管理、投融管理、内部控制、税收筹划、业财融合、财务战略管理等。

财务策略和预算管理,聚焦企业中长期战略目标,以结果为导向,在企业财务管理中起着主导和掌控作用;税收筹划和业财融合,需要财务部门积极主动深入业务层面,创新性地争取内外部业务支持,在沟通互动过程中发挥主观能动性,影响他人用财务思维来考虑经济活动;资金管理和核算管理,既是财务管理的核心,也是基础内容,能保障企业经营的稳健发展,最大限度地支持业务部门管理运营;财务分析和内部控制,作为企业管理中的例行体检和防火墙,帮助企业健康有序运营。

接下来我逐一解读 DISC 理论与财务管理的有机结合:D 特质,体现在财务策略、预算管理中;S 特质,体现在资金管理、核算管理中;C 特质,体现在财务分析、内部控制中;I 特质,体现在税收筹划、业财融合中。

财务管理要指引企业有序发展

企业目标是实现价值最大化,追求企业价值的提升,占领市场地位。

财务战略是财务管理的方向与目标

每个企业的财务数据都或多或少受到企业经营战略定位的影响。这也符合 D 特质结论先行、以结果为导向的特征。比如企业采用成本领先战略,用牺牲效益来换取效率,尽可能地降低生产经营成本,形成价格优势,实现薄利多销,以便快速获得市场占有率。薄利,意味着毛利率很低;多销,必须依靠高资产周转率。又比如企业采用差异化战略,牺牲效率换取效益,以独特的产品和服务赢得市场,但差异化产品和服务无法形成规模效应,就会造成高毛利、低周转率。这都要求财务管理部门以此为目的制定财务策略,配合企业经营策略顺利实施。

价值最大化是追求有稳定健康的现金流,还是追求良好的利润表现?这要看企业的财务战略更看重企业经营业务的持续发展还是经济行为的风险控制。另外，企业在做投资决策的时候，一个最重要原则就是整个投资期间的投资收益一定要超过投资成本。相同的投资，如果想得到更高的净现值，就要有竞争优势。

技术更先进，产能利用率更高，销售能力更强，品牌更好，服务更到位，企业才具备竞争优势。

预算管理是企业全员奔跑的加速器

预算就是企业经营计划数量化、价值化的表现形式，也是战略目标和年度计划的细化。财务管理中的预算管理就是确定目标并配置资源，让企业中的每个人都朝着正确的方向奔跑。如果把企业比作车，预算管理就是这辆车的动力系统。企业处在不同的生命周期，预算策略也是不同的，对人、财、物的调配也会有所区别，这些都会影响企业日常业务经营和财务各项管理目标的达成。

初创期的企业，预算策略不是追求利润最大化，也不是成本控制，而是控制资金风险，预算管理就要侧重资金预测的可能性和执行性；成长期的企业猛抓营销，预算策略是一切资源均向销售倾斜，销售目标是预算的主要考核内容；成熟期的企业，预算策略是引导企业转型；衰退期的企业，预算策略是资金快速回笼、剥离止损、压缩费用支出，保障企业渡过难关。预算管理要求财务管理部门发挥 D 特质的强势作风，一丝不苟地进行预算管理，保证全员按照企业战略目标开展工作。

没有预算支撑的公司战略，是空洞的公司战略；没有公司战略引导的预算，是没有目标的预算。

财务管理要做支持企业稳健发展的"大后方"

企业管理中，"大后方"经常被视为保障前方业务稳健发展的支持职能部门的统称,这跟 S 特质的稳健支持非常契合。企业处在初创期、成长期、成熟期、衰退期四个发展阶段的任何时段,从公司设立到经营,甚至破产清算,财务管理都有职责保障企业有序运转。

资金管理是企业财务管理的核心职能

对于企业而言,资金就好比人体中流动的血液,企业的经营活动、投资活动、筹资活动对应人体的造血、献血、输血功能。企业能否够健康稳定地发展,取决于企业的资金安全。资金管理既要满足企业生产经营过程中对资金的需求,又要尽可能地提高资金的使用效益。

有充足资金才能保障原材料采购、生产、销售、推广、宣传等业务活动的有序开展。现实中,因资金链断裂而导致企业瞬间崩塌的情况比比皆是。资金管理过程中所有涉及的存入、使用、汇出行为,都要严格按照资金管理制度执行。资金合理有效使用和按需筹措或投资,才能保障企业运转中资金流的健康稳定。

财务管理部门在资金审批过程中,也要严格按照规章审批。财务部门针对出纳岗位、复核岗位、记账岗位、主管岗位对资金的申请、复核、审批、支付都有严格的要求。企业投资和筹资活动过程中,超出一定金额的借款或投资、对企业产生重大影响的决策决定,都必须按照公司章程的相关要求执行,还需要经过董事会或股东会批准。

核算管理是企业财务管理的基础职能

财务核算是企业财务管理的基础职能,对企业的经营管理起着强有力的稳健支持作用。如果把企业比作一座大厦,那财务核算工作就是大厦的地基,地基牢固稳定,大厦才能牢牢屹立。

《会计法》中对会计核算的基本内容作过严格规定要求,涵盖企业的收入、支出、成本、费用、债权、债务等业务。企业在进行收发增减、结算归集和计算处理时,应按规章制度进行核算管理。会计核算的十三个基本原则(真实性、实质重于形式、相关性、一致性、可比性、及时性、清晰性、权责发生制、配比性、实际成本、划分收益性支出与资本性支出、谨慎性、重要性),贯穿整个企业财务核算管理过程,也保障财务核算数据的真实可靠,可以为管理层进行决策提供重要依据。

财务核算的成果可以真实反映企业财务状况、经营成果和现金流情况,便于决策层指挥业务部门调整经营活动。

财务管理要具备专业分析和风险把控的"隔离"职能

"差之毫厘、谬以千里",财务工作的特殊性、服务对象的特定性,以及职责职能的特殊性,决定了财务人员必须将C特质的严谨细致贯穿于全部财务工作。按章办事几乎是所有公司对财务人员的要求,可以说,财务人员严谨细致的工作作风不仅是财务工作性质的需要,也是严谨遵守各项财税政策法规的需要。

举个简单的例子,任何正常运转的企业都不可避免员工报销和供应商付款业务,除了利用审批流程中审批层级、审批人员、审批权限进行规范外,在办理财务业务的细节操作中,财务人员还要对业务真实性、合规性、有效性进行专业判断,保证财务资料手续齐备、规范合法,确保会计信息的真实、合法、准确、完整。

"谨慎性"原则,要求财务人员在有不确定因素情况下做出专业判断时,保持必要的谨慎,不抬高资产或收益,也不压低负债或费用;"实质重于形式"原则,要求企业应当按照交易或事项的经济实质进行会计核算,而不应当仅仅以其法律形式作为会计核算的依据。这两项会计原则,要求财务人员练就一双火眼金睛,透过现象看本质,敏锐捕捉数据背后的真相,读懂财务报表间的逻辑关系,识别财务报表中的陷阱,通过财务分析提前防控财务风险,从而做出正确的财务管理和投融资决策。

财务分析是企业财务管理的定期"体检"

正如每个人都需要通过定期进行身体检查，了解自身的健康状况，及早发现疾病线索和健康隐患，企业也需要定期"体检"，财务分析就是给企业做体检的重要方式。

企业在做财务分析时，是通过对企业过去及现在的经营活动、筹资活动、投资活动中的盈利能力、营运能力、偿债能力等各项指标进行分析与评价，从而帮助企业管理层、投资人、金融机构及政府监管部门、上市公司公众股民等，充分了解和判断企业财务状况、经营成果、现金流情况，以及企业未来发展。这些数据分析都离不开财务人员发挥 C 特质的严谨细致。

想了解企业的偿债能力指标，可以看负债比率，如流动比率、产权比率、资产负债率、已获利息倍数等；想了解企业的运营能力指标，可以看周转率，如应收账款周转率、存货周转率、总资产周转率、流动资产周转率等；想了解企业的获利能力，可以看收益率，如毛利率、净利率、成本费用利润率、总资产报酬率、净资产收益率、每股股利、市盈率等；想了解企业的发展能力，可以看增长率、如收入增长率、资本保值增值率、总资产增长率、利润增长率等。

以这些财务分析指标为素材，发挥严谨、严密的逻辑思考能力，大胆假设、小心求证，就能对企业有个清晰准确的认知。但同时也要注意，财务人员要辩证动态地看待财务分析指标所传递的含义，因为很多因素会影响财务分析数据，比如大环境影响，当整体经济大环境都不好的时候，企业经营状况会受到波动和影响，进而影响财务数据分析。另外，在做横向对比时，也要考虑行业变化对企业财务数据的影响，辨别系统风险和非系统风险，判断企业出现的问题，是行业普遍存在的问题，还是企业自身存在的个别问题。

内部控制是企业财务管理的防火墙

如果你在企业工作，一定熟悉或经历过这些场景，比如："明明我们拓展部拿下这个项目,条件已经很优惠了,好多竞争者虎视眈眈的,财务偏要会上讨论,做财务测算和可行性分析,这不是贻误战机吗?""流程、流程,你们天天说流程,流程不是人在执行吗? 你们财务动不动就拿制度说事,真是太麻烦了!"凡此种种,似乎财务部门是和业务部门对着干的,这不行,那也不允许,阻碍了业务的发展,但情况真的是这样吗?

诚然,业务部门的经营目标是将企业价值最大化,而内部控制更多的是要求企业里的每个人,都应该使用正确的方法程序、在规范的制度流程下,做该做的事情,而不是为实现企业价值最大化,要求财务部门对有可能产生的经营风险或财务舞弊的行为不管不顾。财务内控的目标和业务部门的目标是一致的,而且内控的行为方法和要求措施具有防火墙功能。

企业内部控制的核心是控制活动,通过风险控制、不相容岗位分离控制、会计系统控制、财产保护控制、预算控制、营运分析控制、绩效考评控制等,做到事前防范、事中控制、事后监督。

拓展部认为以优惠条件拿到了项目,财务部却提出要会上讨论,做财务测算和可行性分析,是为了将可能的财务风险在事前予以防范控制;业务部觉得流程麻烦,觉得财务总拿制度说事,其实每家企业的每个流程设计中的关键节点都有特定的控制目标,内控就是要做到事中控制。无论是事前防范、事中控制还是事后监督,都是为了将企业运营风险控制在可承受的范围内,财务人员发挥逻辑缜密、严谨细致、重视流程规范的特质,就是为了阻隔不必要的经营风险和舞弊行为,防范一切风险,让企业健康发展。

财务管理要主动与外界互动

财务人员除了面对企业管理层和内部业务人员之外,还需要发挥I特质长袖善舞的作用和政府职能监管部门、银行、税务局、审计、评估、律所等机构以及外部投资人、股东等外部人员打交道。与外部机构和人员沟通交往时,财务人员要尽可能多地争取外部财税优惠政策和业务支持,要发挥主观能动性,充分调动I特质,最大限度地保障公司利益。

企业财务管理的外扩功能——税收筹划

这里我想先厘清两个关于税收筹划的认知误区。

第一个认知误区是,有些人认为,税收筹划就是利用税收法律、政策的漏洞来达到少缴税或者不缴税的目的。这种想法和做法是完全错误甚至违法的。财务人员只能在严格遵守税法规定的前提下,以适当方式手段合理规划,合法合理地阳光节税,这才是税收筹划。

第二个认知误区是,有人认为税收筹划就是财务部的事。这种想法更是要不得的,税收筹划要做好,必须从业务源头入手,财务人员要发挥I特质,积极主动地介入业务活动,与业务部门紧密配合,在考虑企业生命周期和企业经营流程的基础上,科学选用企业组织形式和控制方式,在地域或产业上合理布局生产资源和生产能力,整合或再造企业经营流程,从业务经营角度进行合法节税。

税筹规划分三个层级:

战略层面,综合考虑公司的股权方式、公司注册地、盈利模式、供销模式等设计。

管理层面,业务流程规范化,做到资金流、物流、信息流三个方面的数据匹配。

账表层面,报表规范、账证、账表统一。

财务部在接到企业管理层要求做公司税收筹划后,一定不要急吼吼地从财务账面入手开始筹划,而是要结合财务报表中的关键指标数据,先从业务环节开始,记住"财务数据体现了公司经营好坏结果,但业务才是决定这个结果的根源"。大部分财务数据,都可以从业务流程中找到支持性依据,比如:有公司曾签订了一份代销寄售合同,按照销售额30%比例提成佣金,但合同却约定,由代销人给消费者开发票,寄售人按照扣除提成佣金后金额给代销人开具等额发票。按照这样的合同约定,代销人是一般纳税人要开具13%税点的增值税专用发票,但因为寄售人是小规模纳税人,只能开具3%的发票给代销人进行抵扣,这样代销人白白损失了10%税点,如果是合同约定,代销人只是收取寄售人佣金,由寄售人负责给消费者开发票,则代销人是按照30%佣金金额来确认收入,所以只需开具给寄售人佣金部分的发票,现在服务业税率是6%,相同的业务,不同的业务合同表述,需缴纳税金额相差非常大。所以只针对财务层面做税筹规划,而忽略了业务层面的联动性,必然会出现不配比或不合理的情况。财务人员一定要发挥 I 特质的沟通交流优势,指导业务部门用财务思维来思考业务。

企业财务管理的趋势——业财融合

有些业务人员对企业财务人员存在偏见,认为他们每天就是闷头干活、不苟言笑,办事教条死板,不懂得表达和沟通,也很少和业务经营部门互动交流;财务工作内容就是简单的记账报账,似乎除了报销和发工资,也没什么事可干;业务人员每天风里来雨里去,为了拿下订单累死累活,结果回来报销还受到诸多刁难。财务人员对业务人员也有诸多不满,认为他们总想着钻漏洞、不按规章办事、不遵守业务流程,还动不动打财务部的小报告。无论是财务人员还是业务人员,若是只从自身工作角度出发,那对彼此的意见肯定很大,但假若双方都能从企业整体利益出发思考问题,就会有不一样的视角。

作为财务人员,要走出自己的舒适小圈子,发挥财务思维的影响力,发挥 S 特质的稳健支持的作用,主动深入业务活动,将财务管理前移到业务前端;发挥 C 特质的谨慎思考的作用,预测和分析相关数据,并反馈给业务部门及决策层;通过把握业务流程关键控制点和潜在风险点,发挥D特质的以目标为导向,有针对性地实施改进,降低运营风险;发挥I特质的创新思维,改变传统思维模式,与业务部门配合,不再简单粗暴地向业务部门说"不",而是要在控制风险的前提下,给出解决方案。

将财务管理和业务经营相融合,形成一个管理的闭环,即事前规划、事中控制、事后评估。业务人员如果能多了解一些财务思维和框架,在做业务决策时候,就能提前预判,按照财务预期做业务决策,这要求财务人员主动向前迈一步,与业务人员充分沟通交流。业财融合有助于更好地提升员工的工作效率和企业决策层的决策准确度。

财务管理也是企业管理的重要组成部分,组织企业的经济活动,处理各级财务关系。随着社会生产力的发展,财务管理也经历了一个由简单到复杂、由低级到高级的发展过程。DISC理论帮助财务管理通过筹划、决策、控制、考核、监督等各项财务管理活动,打造多元化的财务管理体系,对企业内外部经济活动进行有效管理,最大限度地保障企业价值最大化,助力企业健康发展、快速腾飞!

仲小龙

DISC+授权讲师A0毕业生

在世界500强国企从事管理20余年

BESTdisc推荐咨询顾问

扫码加好友

员工管理
——洞察情绪，知人善任

在现在的主流价值认知中，成年人的"懂事"标准，好像都是从不动声色开始的，喜时不诺，怒时不争，哀时不语，倦时有终。

我们习惯把这叫作成熟，即便内心万马奔腾、电闪雷鸣，外表也要维护着自己的形象。

然则，每一个崩溃的瞬间，背后必定有着被辜负的情绪，人生如此，感情如此，职场亦如此。

你有没有经历过这样的场景：

在工作中，要不遭遇了百般挑剔的客户，好像他把人生所有的不幸，都拿到你这里来发泄；要不赶上了难伺候的领导，就像是八字不合，怎么做，怎么错，你的成果就是入不了他的法眼。

强颜欢笑的你如同一枚被定了时的炸弹，带着这样的状态回到家中，父母的一句唠叨、爱人的一句询问、孩子的一声抱怨，都有可能是点燃你情绪炸弹的引线……

剧情往下发展，你看到的只会是：感叹你翅膀长硬了的惊愕的父母；暴怒的谴责你一天到晚不着家，回来也不会好好说话的心碎的伴侣；撕心裂肺地号叫着要换一个爸爸的孩子……

以上貌似都与工作没有太大的关联，但试想一个经历了这种情况的同事，在工作中的状态又是什么样的？

对于这个问题的理解应该已经超出了传统定义上的企业管理的范畴，但事实证明，越关心员工的企业，越有可能为自己赢得更忠诚的事业合作伙伴。比如，一个会记得你的生日,在你生日时,总会为你送上祝福的企业和一个在花名册里面永远打错你全名的企业,你会如何选择?

情绪,这个看不到、摸不着,但可以深切感受的东西,已经越来越直接地影响着员工乃至企业的状态。而情绪不可独存,它必须依附于一个主体而存在,这个主体就是企业中的每个员工。

企业中发生的所有的事情,都与人分不开,这也是我选择从员工情绪管理的角度来探讨企业优化的初衷。

知人善任

从人的角度来思考,就要选择动态的方式,因为人始终都是在动态变化中成长的。为了在动态的模型中更具象地得出结论,可以先用笼统的方式给出方向,在推演中再根据出现的问题予以优化。

我们先把人按照外向和内向进行粗分,外向型的通常好接触、好沟通、热情洋溢,内向型的通常更谨慎、谋定而后动、更矜持。

对于企业里的人(员工),我们进行了一个内向、外向的粗分,那他们又是如何来显示自己的价值的呢?或者说,我们评价一位员工比另一位员工更出色、更优秀时,通常用什么标准来衡量呢?

一般情况下,我们通过在单位时间里,不同的员工所能完成的工作质量来衡量。简单点说,就是做事的结果。通常事情结果呈现的过程也有两种状态:一种是快速给出结果,另一种是结果呈现较慢。

这样,我们从人和事的角度,大致把企业内部的员工分为四类:性格外向且结果快、性格外向且结果慢、性格内向且结果快、性格内向且结果慢(外快、外慢、内快、内慢)。这是知人善任的第一步。

我们将企业的员工大致分成四类后,作为企业的管理者,还需要进行两个基本的思考。

第一,这四类员工对于企业来说,什么类型的员工是合适的?什么类型的员工是需要被鼓励和大量引进的?什么类型的员工是不合适的?什么类型的员工是需要被裁员和控制的?

第二,如果企业现在已经存在一些人员良莠不齐的情况,又没有能力大幅度地进行人员的迭代和更换,有没有什么可以内部转化的办法?

先探讨第一个问题,四种类型的员工,如果不考虑场景和行业,孰优孰劣,很难界定。因为任何结论都是建立在一定的条件假设之上的,没有万能的结论,只有万千的可能,所以如果是注重效率、需要快速交付的行业,可能会更认可外快或者内快的员工;而更看重品控和精细交付的行业,可能反而会更认可外慢或者内慢的员工。

因此,对于合适员工的定义,有时候取决于场景、需求,取决于管理者更认同的风格;有时甚至是取决于一个企业不同的发展阶段。这个选择是多项的、动态的。用一句话概括:合适的才是最好的。

对于第二个问题,我们可以举个例子来说明,企业的经营生存状态,在某种程度上,就是在企业工作的这一群人综合状态的外显。如果把一个企业看成一个生命体的话,那么企业中的各个部门就是这个生命体的器官,每个员工就是这个生命体的细胞,一个或几个细胞(员工)情绪或状态的异常也许一时不会对身体造成太大的影响,但若听之任之,必然逐步影响脏器(部门)、影响生命体(企业)。所以,老子在《道德经》中讲:"治大国如烹小鲜。"同理,治企如治人。你拥有再好的外部医疗团队,都不如自己的身体保持内外平衡。

那该如何打造这样的环境呢?作为管理者,我们不仅希望寻求这样的平衡,甚至希望在这种平衡之上,还能拥有具备自洁和自愈功能的系统,这样,不仅能够维护系统,还能够主动涤清有害元素,让企业长期、有序地发展。

为何用 DISC?

究竟有没有一个系统是可以实现以上诉求的?我认为一定有,即使不能百分之百满足,但至少可以接近我们的诉求。

一个可以满足我们提出的要求的系统,需要满足以下几个条件:

(1)是一套研究人的系统。

(2)动态可调整。

(3)易掌握、好传播,不会对原有系统形成冲击。

(4)最好是更接近"道",而不是具体的"术"(因为一旦是"术",就容易被不同的条件限制,无法做动态推演)。

基于以上的条件,我们来做个排列,能够出现在四个条件重叠区域的就是基本符合条件的系统工具,比如DISC。

第一,DISC是一个研究人的工具。

DISC的演变大概分为三个阶段,每个阶段都与一个人有关。

DISC最早的雏形可以追溯到古希腊的一个人。公元前460年,在古希腊,一个人出生了。他后来成为医者,因为雅典的一场瘟疫而一战成名,他就是留下了著名的《希波克拉底誓言》的希腊医生希波克拉底。他在长期与病患接触的过程中,发现在不同的病患身上,似乎存在着某种联系,结合其所学,他提出了体液学说,最早将人按照体液的不同划分为胆汁质、多血质、黏液质和抑郁质四种类别。希波克拉底最早提出,人的先天性格表现会随着后天的客观环境变化而进行调整,性格也会随之发生变化。

与 DISC 演变的第二个阶段相关的人大概出现在 19 世纪,他叫卡尔·古斯塔夫·荣格,是瑞士心理学家。他首次以科学的方法,试图将人的性格特征定义为四种类型:感觉、直觉、情感、思维。

出现在第三个阶段的人叫威廉·莫顿·马斯顿,他是一名美国的心理学家,他在心理学的研究与应用方面有所突破并于 1928 年写了一本《常人之情绪》,书中明确地将人的性格和行为风格划分为 dominance(支配)、influence(影响)、steadiness(稳健)、compliance(服从或谨慎)四种类型,并在书中提出:情绪是由代表运动神经本性和运动神经刺激的两种精神粒子传出冲动组成的,这两种精神粒子的能量通过联合或对抗形成四个节点,分别对应 D、I、S、C,每个节点代表情绪意识的一种特质。

D 通常被我们称为支配/指挥者,关注事且直接;I 通常被我们称为影响/社交者,关注人且直接;S 通常被我们称为稳定/支持者,关注人且间接;C 通常被我们称为谨慎/思考者,关注事且间接。

这套理论经过 90 多年的发展,已经在内涵和外延上都发生了巨大的变化,DISC 几乎成为全世界共同的语言。

第二,DISC 易掌握、好传播。

一是因为 DISC 研究"冰山理论"中冰山上面的部分,是基于人的行为风格而进行的行为倾向研究的工具。不同于研究冰山下的传统心理学更关注为什么的研究倾向，DISC 更关注的是如何调适、改善和应用的方向。

二是 DISC 学说最基本的核心，简单来说，就是两维度、四象限，搞清楚了这两个东西，基本上就可以运用这个工具了。

所谓两维度，第一个维度是关注人/事，第二个维度是直接/间接（行动快/慢），基本上与前文我们的粗分的推演相对应，只是在内容上更为具象和合理。

所谓四象限，根据关注人/事、直接/间接的两个维度，如果各自画出一条线段，它们在交叉后形成四个象限，分别对应的就是关注事/直接的 D、关注人/直接的 I、关注人/间接的 S 和关注事/间接的 C。

DISC 工具的所有使用和演变，都是基于两维度和四象限展开的，虽然变化万千，但万变不离其宗。

第三，DISC 是一套动态的可以自行推演的系统。

所谓动态、可推演是指我们在学习和使用 DISC 的时候，给它赋予了三个前提假设。

假设一，每个人的身上都有 D、I、S、C 四种行为特质，只是比例不同。当你知道每个人身上都有四种不同特质存在的时候，会有几种好处：一是不是你比别人缺少什么，而是你在选择调用某种特质的时候不太擅长；二是当你使用某种特质解决问题、陷入困境的时候，你至少还有其他三种行为特质可以调用；三是你会在不同的优秀的人身上，找到他们快速调整和调用不同特质的痕迹，让学习乃至成为优秀的人变得有迹可循。

假设二，DISC 是可以调整和改变的。荣格和马斯顿博士已经不同程度地提出了这个观点，DISC 不赞同"天命论"，更加提倡的是人们通过后天的觉察和学习，可以更好地理解和改善自己的行为，从而在学会照顾好自己的基础上，更好地影响和照顾周边的人。

而且，这种调整和改变，一方面是出于自身的积淀、学习和不断的积累，对于人际敏感度的不断提升而产生的阶段性的调整；另一方面是出于面对不同的环境、对象所进行的即时性调用的改变。

假设三，DISC 不是优点也不是缺点，而是特点。如果站在二维的世界里去看待问题，那么结果非黑即白，非对即错，不是优点，就是缺点。人生不如意事十之八九，如果常念八九，不思一二，人生必定是昏暗的；如果常念一二，不思八九，人生也许是光明的。正所谓视角不同，人生则大不相同。积极地看人，没有优点，也没有缺点，拥有的都是特点；积极地看事，没有成功，也没有失败，不是得到，就是学到。D、I、S、C 四个特质没有好坏优劣之分，关键在于你如何在合适的场景、合适的时机、面对合适的对象去调用。

第四，DISC 传递的是道，而不仅仅是术。

DISC 传递的是"我懂你"。DISC＋社群的创始人海峰老师经常说："如果你无法向对方传递'我懂你'，那么你所有的输出都会被对方解读为批评。"

因为人是无法被说服的，只能用他人可以接受的方法去影响他，在选择他可以接受的方式之前，你首先得识别他，才谈得上调用合适的方式影响他。这也是我在使用 DISC 工具的过程中，感触颇深的地方。

DISC 的应用优势

我推荐企业管理者使用 DISC 工具的原因，除了以上四点之外，我还有几点自己的体会：

DISC 的第一个优势在于，它提出了一个标准（认知）。人有时迷茫、困顿，都是源于标准出了问题。很多时候，人与人之间的分歧，也是源于各自沿用不同的标准在沟通和交流。世界的秩序有的时候就是因为有标准在作为底层支撑，例如长度、质量、体积、温度等，我们都有统一的标准单位，所以大家很容易在一个问题上达成共识，而一个人的长相美丑、性格好坏很难有一个大家公认的标准。DISC给人们提供了一种性格划分的标准，让人们跳出好坏对错的局限来看问题，不是优点，也不是缺点，而是特点，完全跳出了非友即敌的思维牢笼。

DISC的第二个优势在于，它提供了一个转盘（选择）。这个转盘就是我们在社群里常说的凡事都有四种解决方案。当你开始使用DISC来看待和解决问题的时候，就如同你的人生拥有了一个转盘。这个转盘有四个出口，分别指向D、I、S、C，而不是原来的一条路走到黑的单一选择，人觉得崩溃往往就是因为没有别的选择了。当你的人生始终至少有四种解决方案的时候，你被卡住的概率被降低到了25%。

DISC的第三个优势在于，它提供了一把钥匙（换位）。前文提到过，人是无法被说服的，只能用对方可以接受的方式去影响他，而影响是个从识别到了解、到理解、到共情、到调用、到影响的过程，而这个过程说起来容易，做起来实则不易。当你拥有了一个相对客观的标准去识别和判断对方的时候，你已经比大多数用经验和情绪来解决问题的管理者要先进得多。站在更加中立的角度所做出的判断和所做出的行动，会更大概率地释放出善意和有效的信息，从而会更大概率地传递出"我懂你"的信息，最终让很多结果变得水到渠成！

授人以鱼不如授人以渔，所有实操的技能的传递都是延时或者无法满足动态的企业发展现状的，只有那些更底层、更可推演的东西，才是真正可以在企业管理的实操中被应用、被验证和被接受的。

企业兴衰在员工，员工喜怒看情绪，情绪好坏在管理。管易理难，且管理的动作本身就是管理者自身在做，而管理者也是人，他也会受限于自身的认知、经历，并且倾向于某种风格。这种风格既可能成就他，也可能在某个阶段限制他，所以好的管理必然是从管理者自身开始的，只有先实现独处时照顾好自己，才能实现相处时照顾好团队（对方）！

开放、灵活、目标、共荣、真诚、细致，这是我心中对理想团队的理解，也是我从事管理和学习DISC后的体悟。管好人，管好人的情绪，是每个希望基业长青的管理者都需要认真考虑和面对的课题！

刘帅辛

DISC+授权讲师A12毕业生

企业管理教练

团队心智动力训练专家

联合国国际劳工组织SYB创业指导师

扫码加好友

团队管理
——合力共塑，完美团部

没有完美的个人，只有完美的团队。

并不完美的我们，与团队彼此成就。

从家庭到社会，从职场到创业，团队无处不在，无时不发挥作用。团队是由人组成的整体，从文字的演变过程中也能窥见一斑。甲骨文中的"人"字是象形字，像侧面站立的人，很像现代简体的"入"字，其本义为能制造并使用工具进行劳动，又能进行思考和交际的生命。

一个"人"字为个体——个性鲜明，有独特的行为风格。

两个"人"字，用左右结构组合成"从"字——跟随，依顺，相从之形，行为风格相互影响，彼此学习。

三个"人"字组合，不再是左右结构，而是上下结构的"众"字。上面一个"人"代表少数，下面两个"人"代表多数，而这样的组合恰恰体现了团队的含义。上面的少数人代表的是管理层，下面的多数人代表的是执行层。团队的行为风格会根据个人和团队的实际工作情况而定。

团队的定义

从"团队"两个字来看，它可以理解为一个有口才的人，带领了一群长耳朵的人,是少数人管理多数人。

在实际应用中,根据 DISC 理论,从管理层和执行层的行为风格角度出发,来探讨团队的概念,主要包括两个层面:一个是从执行层的角度,如何推动每个个体快速融入团队,提升团队执行力;一个是从管理层的角度,如何发挥适合团队的行为风格,带动团队、发展团队。前者注重关系与协调,后者关注改善与提高。

根据 DISC 理论,团队必须具备以下四个关键特征。

特征一:角色定位与责任分担

认清在团队中扮演的角色,摆正位置

客观地分析自己的行为风格,在团队中结合需求,充分发挥优势,适时地调整与完善个人的行为风格。在提升自己的同时,提高团队成员之间合作的默契程度,进而提高团队的执行力。

团队强调的是协同,较少有命令和指示,所以团队的工作气氛很重要,它直接影响着团队的工作效率。如果积极寻找其他成员的积极品质,那么与团队的协作就会变得更加顺畅。自身工作效率的提高,也会使团队整体的工作效率得到提高。

明确在团队中所承担的责任,忠于职守

作为团队的一员,要目标明确,坚决服从团队大局,勇于承担自己的责任,忠于职守,把自己应做的事情做到最好,不给团队添麻烦,只给团队做贡献。

树立以大局为重的全局观念,不斤斤计较个人利益和局部利益,将个人的追求融入团队的总体目标中去,从自发地遵从到自觉地培养,最终实现团队的最佳整体效益。

俗话说:"尺有所短,寸有所长。"如果全部都是将军,谁来打仗?反过来,如果全部都是士兵,谁来指挥?因此,要角色定位,明确团队中的我是谁,扮演和充当一个什么样的角色,我要做什么,要怎样做才能做好,在其职、做其事、尽其责。

特征二：相互依赖与协同

在这个世界上，人与人之间是相互依赖的，没有人是一座孤岛，孑然一身。和他人的关系，会直接影响我们的生活质量。在团队协作中，你的行为风格与队友的行为风格是否相辅相成，关乎团队项目执行的成败。

DISC 行为风格理论重新界定了"重要"的概念，把对人的敏感度放在了更重要的位置上。不是对方不喜欢我，而是我没有读懂对方。相互依赖产生的真正的协作增效，已经成为人际交往的真正本质。

我们可以运用 DISC 理论，通过了解彼此的行为风格特点，采用行之有效的合作，来实现共同的目标。

D：前瞻性，有创新精神，给团队带来希望。

I：乐观、热情，给团队带来欢乐。

S：有耐心和同情心，给团队带来和谐。

C：有责任心，稳健可靠，给团队带来智慧。

在相互依赖的关系中，考虑每个人独一无二的风格特性和能力，创造出 1＋1＞2 的协作效果，实现双赢。

特征三：信息沟通与知识共享

 团队信息沟通

高效团队的起点是建立彼此的关系，这里的关系不仅仅包含看得见的分工与合作，也包括看不见的情感关系。关系需要通过沟通来建立和维系，每次沟通要么增进关系，要么破坏关系。沟通的质量直接影响团队的发展。高效的沟通源自为对方增加价值，而不是向对方索取价值。通过对 DISC 行为风格的分析解读，可读懂团队其他成员，增加正向信息沟通。在与他人进行合作时，我们需要针对不同行为风格特点的人，采取不一样的沟通方式，强调不一样的内容，具体如下：

与 D 特质明显的人沟通的时候,将决定权赋予他。

与 I 特质明显的人沟通的时候,多用选择题,少用是非题。

与 S 特质明显的人沟通的时候,多倾听、多肯定,脸部表情胜于一切,给予更多的鼓励和支持,在关键时刻,必须强势沟通。

与 C 特质明显的人沟通的时候,讲理论,讲证据。

 团队知识共享

这是最为重要的环节。个体层面的知识只有通过共享,才能上升为组织知识,转化为组织的核心竞争力。团队是个人知识转化为组织知识的赋能载体。

特征四:自我管理与授权

自我管理的意义在于优秀的自己给团队带来的是发展的动力,在不断的自我修正中,管理好自己的目标、掌控好自己的情绪、分配好自己的时间。

D 特质的自我修正,不要为了反对而反对,应广纳意见。

I 特质的自我修正,少说多听,尽量多关注别人,但不要活在别人的嘴巴里。

S 特质的自我修正,强化信心。

C 特质的自我修正,不要过于追求完美,放下你的批判。人们不会在乎你知道多少,而是他们知道你多在乎他们。

自我管理的方法如下:

(1)自觉学习,反省与检讨自己的心结在哪里、盲点是什么、有哪些瓶颈需要突破,这是自我精进的关键途径。

(2)沟通学习,与人分享越多,自己将会拥有越多。

(3)快乐学习,终生学习就要快乐学习,开放心胸并建立正确的思维模式。通过学习,让自己有心理准备,应对各种挑战及挫折。

(4)改造学习,自我改造,通过学习,努力创造价值和降低成本,这种改造的效果往往是巨大的。

团队需要通过授权来发现和培养未来的领导者。在金字塔式的组织结构中,权力集中于金字塔的顶端,然而随着组织的规模扩大、层级的增加,上下沟通的效率和准确度都会有极大程度的降低。为了使组织更加灵活和高效,于是就诞生了扁平化和网络化的组织结构。在扁平化和网络化的组织结构中,授权既可以让领导者从日常事务中解放出来,又可以让员工获得成长和发展的机会。

同时,这也可以帮助我们衡量一个团队的有效性,即团队是否有确定的目标?团队成员之间是否协作良好?团队是否能够提供所要求的结果?团队气氛是否良好?

团队类型

团队的构成要素是目标、人、定位、权限、计划。团队和群体有着根本性的区别,群体可以向团队过渡。一般根据团队存在的目的和拥有自主权的大小,将团队分为五种类型:问题解决型、自我管理型、多功能型、共同目标型、正面默契型。

团队的发展阶段

团队的发展阶段——磨合期

磨合期成员的主要感觉:新奇、茫然、矛盾、恐惧。

磨合期成员的主要行为特点:被动、适应、自我保护。

磨合期的主要任务:确立目标、初步接触、集合人员。

团队的发展阶段——规范期

规范期成员的主要感觉:适应、平和、有归属感。

规范期成员的主要行为特点:喜欢沟通。一旦产生冲突,会按照产生冲突—解决冲突—进一步信任的流程来解决问题。经常讨论目标、为实现目标作准备、开展尝试性工作。

规范期的主要任务如下。

相互沟通——三不原则:不批评、不讽刺、不封锁。

建立信任——三真原则:真诚、真实、认真。

提供支持——三支持:上级支持、下级支持、成员相互支持。

团队的发展阶段——发展期

发展期成员的主要感觉:愉快、有适当的压力感。

发展期成员的主要行为特点:按计划完成任务,主动解决工作中的矛盾,配合比较默契。

发展期的主要任务:解决冲突——求同存异、努力工作、完成任务。

团队的发展阶段——高效期

高效期成员的主要感觉:身为成员而感到自豪、相互理解、有极大的满足感。

高效期成员的主要行为特点:主动为目标奋斗、自觉地矫正自己的行为、沟通良好、高效地完成任务、取长补短。

高效期的主要任务:保持成员的身心健康、促使员工自觉互补、激励员工主动且高效地工作。

团队的发展阶段——衰退期

衰退期成员的主要感觉:沮丧、害怕、愤怒、有被欺骗感、麻木。

衰退期成员的主要行为特点:只完成分配的任务、只做分内的工作。

衰退期的主要任务:充分有效地沟通、重塑信任感、完善奖惩系统、进一步讨论目标。

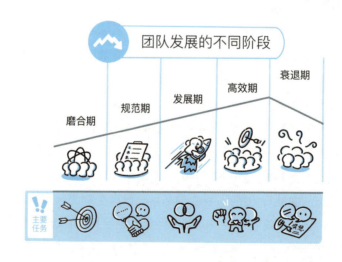

团队角色认知

D 特质：有实践力、果断力，受支配、管理，以目标为导向，热爱压力及挑战。

对团队的贡献：团队决策者，有前瞻性，以挑战为乐，喜欢发起运动，有创新精神。

I 特质：爱表现，专注于人际互动，有魅力、富有创意。

对团队的贡献：团队合作者，乐观、热情，创造性地解决问题，激励其他人为组织目标而奋斗，通过协商缓解冲突。

S 特质：喜爱安定，不喜欢改变，有耐力且善于倾听。

对团队的贡献：可靠的团队合作者，为某一领导或某一原因而工作，有耐心和同情心，思维有逻辑，服务取向。

C 特质：精明，善于思考、逻辑分析与规划，喜爱做自己拿手的事。

对团队的贡献：综合性问题的解决者，善于下定义、分类、获得信息并检验，保持高标准，有责任心，稳健可靠，喜欢小团体的亲密关系，如私人办公室或私密的工作环境。

高效团队的特征

前面通过 DISC 分析了团队的四个关键特征，打造高效团队是团队发展的核心目标，只有高效了，才有高收益。

成功的团队各有特色。研究表明，决定团队成败的因素并不只有士气，还包括团队成员的智力和性格，以及团队之间的协作程度。

尽管有层出不穷的理论证明，一个团队必须要有多种角色，但事实上真正优秀的团队成员可以克服其团队角色的局限性。在需要某种团队角色的情况下，即使团队中的某个人不属于这种角色类型，他也能为了达成团队的目标，进行角色上的调整，确保一切顺畅运行。

团队中优秀成员的行为风格和角色虽然各有不同,但是高效团队具有一些共性的特征。

第一个特征:共享所有信息

共享所有信息所带来的,其实是团队成员之间的相互信任与依赖,它有利于促进团队内部的信息沟通,了解彼此的想法,了解不同部门的工作计划,为相互配合和协作奠定基础。

没有联结就没有交流信任,没有交流信任就没有价值认同,没有价值认同就没有长期合作。真正的领导,不一定自己能力有多强,只要肯信任,懂放权,懂珍惜,就能团结比自己更强的力量,提升公司和团队的价值。

第二个特征:坚守团队目标

坚守团队目标,可以给团队带来无限希望。

树立团队目标需要遵循 SMART 原则,即具体的(specific)、可以衡量的(measurable)、可以达到的(attainable)、具有相关性(relevant)、具有明确的截止期限(time-based)。与团队成员讨论目标是将其作为一个起点,通过成员的参与而形成定稿,以获得团队成员对目标的承诺。虽然很难,但这一步是不能省略的,因此,团队领导应运用一定的方法和技巧,比如头脑风暴法,以确保成员的所有观点都讲出来,找出不同意见的共同之处,辨识隐藏在争议背后的合理性建议,从而达成团队目标。

第三个特征:共同决策,持续优化

优秀的团队善于把握时机,讨论出一些改进和优化的决策。在这个过程中,团队成员会把握恰当的机会,担任特定的团队角色,为团队作出贡献。实际上,在消除跨部门决策瓶颈时,调整部门职责并不是那么重要,重要的是大家对所掌握的信息互通有无、共同决策。对于优秀的团队,在改进和优化的过程中,其团队成员能通过相互之间的默契配合,解决决策中的问题,并提高绩效。

第四个特征:每个人都能参与团队运营

每个团队都具有一定的生命周期,与其他团队存在合作、竞争的关系。要不要设置某个团队,要根据业务本身的需求而定,而不是根据个人的喜好。

每个团队中,管理者既做管理,又是团队带头人,除了重点关注、把控每一个环节需要做什么之外,还要扮演团队带头人的角色,带领团队成员一起设定目标,激励团队成员,启发并帮助团队成员更好地表达自己。海尔集团倡导的"人单合一"模式,也是基于让每个人都参与公司的整体运营。

公司通过重塑自己的核算体系,根据用户的反馈和销售数据来设置奖励机制,让每一个人的价值与为用户创造的价值挂钩。个人不再是向公司要认可,而是通过自己的努力向市场、用户要认可。

高效团队的打造方法

打造高效团队有以下六种方法:

第一,评估自身的领导方式。每个人都有独特和可接受的方式团队的领导者必须了解自己的领导风格和技巧。同时,换位思考团队成员能接受的方式,必要时,修改你的方法,以确保你的领导力。

第二,了解团队成员。了解每个人的想法以及如何在任何时候都能正确地利用他们的能力,如了解团队的优势和能力,各团队成员根据目前的能力能得到什么,并为团队成员挖掘未开发的潜力、技能,增加团队成员对领导者的信任。

第三,明确角色和责任。只有充分了解团队成员的相关专业、技能,才能更清晰地定义团队成员的角色和职责,必须让每位团队成员的职责相互关联,让他们了解"一根筷子易折断,十双筷子能抱成团"的协作精神。

第四,主动反馈。反馈是确保任何团队保持正常运行的关键,但是大多数企业都是等到问题出现后,再进行反馈、处理的。想要做好团队建设,企业应该把反馈看成是主动和持续的,不要让问题变得复杂后再进行处理。只不过,每个团队都是不同的、具有自己独特的细微差别,需要采用有针对性的方法进行对待。记住反馈是双向沟通。

第五,重视每个人。企业在进行团队建设时,要重视每位员工,确保每个人都能获得机会,如晋级、晋升、转岗、决策等。

第六,承认和奖励。"十个手指有长短",团队的成员也是一样,能力各有高低,所以,想要进行团队建设,就应认可每一位团队成员的成绩,这对建立团队成员的忠诚和信任大有帮助。当团队成员努力得到认可时,他们工作的积极性更容易被激发,从而使整个团队变得更加团结。

第三章

提升之道

马敏

DISC双证班F64期毕业生
DISC测评引导师、咨询师、讲师
将DISC运用于企业管理的企业主

扫码加好友

DISC构建壁垒
——打造核心竞争力

认清壁垒明界限

壁垒,古时指军营的围墙,泛指防御工事,如今用来形容相对立事物的界限。中国最著名的壁垒,莫过于万里长城。它对内是保护,对外是界限;对善意是告知,对恶意是抵御。有内外,方有你我;有界限,才有自由。

有利之处,必有壁垒

壁垒可以为实,也可以为虚。看不见的壁垒,往往比看得见的墙壁更为强大。例如英国历史上的"圈地运动",圈占的是利益,用于圈地的是壁垒,不仅是空间上的壁垒,资产阶级更通过《公有地围圈法》以立法的形式将圈地行为合法化,构建起法律意义上的权利壁垒。"1801年到1831年农村居民被夺走350多万英亩公有地,农村居民却未得到过一文钱的补偿。"大量农民被强行剥夺土地使用权,失去生存保障,被迫成为劳动力市场上的无产者,靠出卖自身劳动力才能生存。

除了权利壁垒,常见的还有技术壁垒、品牌壁垒、资源壁垒、空间壁垒、认知壁垒、管理壁垒等。

技术壁垒,指科学技术上的关卡。

品牌壁垒,指利用品牌形成对产品的保护,进而让消费者想起或提到某个品类的产品时,就会首先联想到某品牌。

资源壁垒,可以是自然资源,也可以是其他资源。

空间壁垒,可以解释为什么大学生都愿意去北、上、广、深及新一线城市发展,因为那些地方有更多的资源和机会。

认知壁垒,我们经常说"物以类聚",这其实就是认知层次更相近的人更容易相互理解。

管理壁垒,每个公司都有独具特色的管理制度,这些制度形成了各个公司的独特个性,它们也成了这些公司的壁垒,员工的习惯一旦形成,是很难融入另外一种管理制度的。

攻防一体,步步为营

壁垒不仅有防御的作用,还有竞争的能力。"壁"代表防守,"垒"代表反击。它们就像太极的两极,相互关联,相互成就。

以华为为例,它在数十年的耕耘中创造了无数壁垒,技术壁垒、管理壁垒、人力壁垒、文化壁垒等等。其中最典型的就是专利壁垒。2021年3月2日,总部位于瑞士日内瓦的世界知识产权组织发布最新报告,2020年中国专利申请量同比增长16.1%,以68720件稳居世界第一。在中国申请的专利中,华为凭借5464件申请量位居第一。这是华为连续第四年成为最大申请来源。

壁垒实际是攻守一体的,"先为不可胜,以待敌之可胜":在蓝海扩张时,它是步步为营地稳扎稳打;在红海竞争中,它是集中力量的重点突破。构建壁垒的方法同样适用于跨越壁垒。

不过,壁垒亦有其局限性,并不是建好一个壁垒就可以一辈子高枕无忧。"万里长城今犹在,不见当年秦始皇"。一般来说,事物的发展都是呈螺旋形上升趋势的,壁垒也需要具备成长性和适应性,这样才能够不断进化成长,不仅保一时,更可保一世。

九层之台,始于垒土

对于个人来说,壁垒是什么呢?其实就是个人品牌,用现在非常流行的词,也可称为"人设"。有人因为人设真实而火爆,也有人因为人设崩塌而失败。

特长可以成为一个人的壁垒,比如说到孔雀舞,就想到杨丽萍。

性格可以成为一个人的壁垒,比如说到女强人,就想到董明珠。

人脉可以成为一个人的壁垒,比如娱乐圈里的各位明星。

对于个人而言,最重要也最稀缺的资源是时间。学习专业知识需要时间,学习专业知识需要时间,习得专业技能需要时间,工作经验和资历的积累也需要时间。善用时间的人,能够在不知不觉中建立多重壁垒,形成强大的核心竞争力,这也是罗振宇倡导的要做"时间的朋友"。例如,你的定位是长跑达人,已经坚持了10年长跑。和另一位刚跑了一年的新人相比,你这一标签的含金量是完全不同的。

请你回忆一下在过去几十年里,都建立过什么壁垒呢?而这些又为你带来了什么?

我特别想和大家分享一句话:你建造什么样的壁垒,就能吸引什么样的资源。

构建壁垒塑品牌

互联网时代风云变幻,随着信息流动加速和透明度不断提升,企业构建壁垒的重要性不言而喻。壁垒不仅是企业的护城河,更是企业得以生存和发展的生命线。我结合实践经验,将构建壁垒的方法总结为四个步骤,共十六个字:躬身入局、找准定位、持续迭代、升级认知。

躬身入局,勇于担当

"纸上得来终觉浅,绝知此事要躬行。""实践是检验真理的唯一标准。"所有学到的知识、懂得的道理,如果没有到实践中去运用和检验,并不能算是真正的学到和懂得。从离职国企到加入私企的转身,让我深切体会到这一点。

我在2009年离开中国电信以后,到了现在的公司。这个公司不大,只有十几人,而且构成人员的学历不高。一开始,我认为管理这个十几人的小公司简直易如反掌、大材小用。接下来的两个月,让我终生难忘,我从来没有觉得管理是这么难的一件事,感觉道理我都懂,但就是管不好!我一直问自己,为什么我不行?不服输的我,申请下到一线,干不出成绩不回来。这一下,就是5年,我在一线的所有岗位上都走了一圈,了解了每道工序的细节,把每个岗位的职责都重新梳理了一遍,我在每个岗位上做出的成绩也都名列前茅。5年,所有员工都对我产生了信任,而我也从刚开始的普通管理者,成了柔软、有原则的管理者。

每个管理者,都应该让自己下沉到一线了解公司的现状,不一定非要深入基层好几年,但是必须学会"躬身入局"。当我们躬身入局后,将会更容易发现公司的本来面貌,也就更容易"找准定位"。

善用DISC，找准定位

职场人士的定位和公司的"性格"（文化）息息相关。而这个"性格"和公司创始人的特质也有莫大联系。

关于公司创始人的特质是如何影响公司文化的，我在《终生成长》这本书中有具体阐述。总而言之，就是除了行业本身会赋予企业"性格"以外，公司在成长过程中，创始人的特质和习惯也会为公司打下深深的烙印。行业特质和企业创始人的特质交织，基本上决定了这个公司的特质。

我用DISC的逻辑来进行解释和说明。

DISC是一种行为分析科学，它从动作快或慢、关注人还是关注事四个维度，将人分成了四类：掌控者（dominance，掌控者目标明确，反应迅速，并且有一种不达目的誓不罢休的斗志）、影响者（influence，影响者热爱交际、幽默风趣）、支持者（steadiness，支持者喜好和平、迁就他人，凡事以他人为先）、思考者（compliance，思考者讲究条理、追求卓越，总是希望明天的自己能比今天的自己更好）。这个理论强调，每种特质本身没有好坏对错之分，只不过调用各种特质的时间、地点以及针对的人不同，会让行为本身产生不同的效果，也就产生了对同一行为的不同理解。

这个理论对我最大的帮助是，重新构建了我对世界的理解方式，有利于我形成认知逻辑。

有人的地方就有DISC，行业和企业是人创造的，因此自然也可以用DISC来理解行业和企业。比如制造业，这个行业的底色就是谨慎仔细、追求质量（C），因此我们在这个行业里面见到的最多的人就是C特质较突出的人，具有完美主义倾向。企业的特质和创始人的特质密不可分。

如果创始人是一个雷厉风行、注重效率的人，也就是D特质突出的人，那么在他的影响下，这个企业的制度、文化就呈现D、C特质，高效、公平、就事论事会成为这个企业的特质。

同理，如果创始人是一个善于创新、善于激励的人（I），那么在他的影响下，这个企业的制度、文化呈现C、I特质，这个企业就会成为科创型企业。

如果创始人是一个坚韧、一步一个脚印且保守的人（S），那么在他的影响下，这个企业的制度、文化就呈现C、S特质，这个企业就会稳定持久、默默耕耘，在一个领域不断深耕。

如果创始人是一个注重规则、追求完美的人（C），那么这个企业的制度、文化就呈现极高的C特质，这个企业就会成为一个严谨、追求极致的企业。

即使是同一行业，各个企业的定位也可能会完全不同。还是以制造业为例，C、D特质企业，企业壁垒里面通常有效率；C、I特质企业，企业壁垒里面通常有创新；C、S特质企业，通常更加稳定，善于售后和防守；C特质突出的企业，通常更加苛求完美，遵守制度，也就必然精益求精。

确定了企业的特质，就能帮助企业准确定位，将优势强化为壁垒。我们公司属于制造业，在本地航空、航天领域小有名气。2012年，有公司想要收购我们。当时，我十分矛盾，因为对于下一步发展的思路并不清晰，一方面觉得被收购是不错的选择，另一方面对于已经付出的心血非常不舍。我开始思考企业的定位到底是什么。

鉴于市场的特殊性，如果我们定位为中低端产品生产商，虽然这个市场相对要大，产值高，但是利润低，要求低，没有门槛，其现状是红海；如果定位为高端产品生产商，虽然和我们公司现状匹配，但是必须忍受市场空间有限的局限，想要依靠这个做大，太难。

到底是做大，还是走一条更艰难的路做强，成了当时的两难选择。经过两年的不断比较、试错，我们决定做强，即使产值无法快速做大，即使无法在常规市场获利，即使因为产值小而得不到政策扶持，我们也相信这个选择能让我们走得更远。

从2015年开始，我们只做高技术含量的产品，专注于技术的提升和质量的管控，不断迭代升级，2020年我们新增大量客户，客户分量更重，公司一直处于爆单状态。

持续行动、不断迭代

找准定位以后，就是持续行动和不断迭代。

如果没有迭代，就好像一直骑自行车走在乡间小路上，永远不知道汽车开在高速路上的感觉。做任何事情都一样。当我们找准定位后，就要耐心、持续地耕耘，不断升级、强化定位，建设公司壁垒。

一方面，任何公司文化和管理制度都不是一朝一夕建立的，都需要时间来建设;另一方面,每个公司、每个组织都有自己的脾气,一种管理方法走天下的时代早就过去了。有些企业扁平化管理就好,但是它对管理者的水平要求很高;有些企业的管理层级多,更能适应管理需求。我们需要根据现状选择更适合企业发展的方式。

台积电的公司文化是精益求精,它之所以能登上全球芯片制造业的巅峰,是因为其公司管理制度中建立了独有的人力制度——人力壁垒。

既然台积电属于制造业,技术壁垒应该更加重要啊!是的,技术壁垒对于制造企业非常重要,但是技术也是由人创造的。如果说技术壁垒是树,那么人力壁垒就是它的"土壤",给技术提供源源不断的"养分"。

人力壁垒,就是人力制度。台积电建立了一个庞大的人才数据库,它的招聘非常有意思,除了常规的面试,还会对应聘者进行 DISC 测评,并把结果导入数据库,然后用 DISC 测评系统与其目标岗位要求进行匹配:如果差距实在太大,就会和应聘者说等有合适职位再联系;如果比较匹配,应聘者就能顺利入职。台积电每年提供测评机会,由专业人员指导下一年改进方向。所有到台积电应聘过的、工作过的、没有工作过的优秀人才的信息都会被其人资部掌握,并输入其数据库中。台积电人资部通过跟踪,掌握人才每年的情况。如果台积电需要挖人,也会优先从数据库中进行选择,尽量降低选错人的概率。这种人力制度,秉承了其精益求精的企业文化,同样也为其建造了人力壁垒。

跳出局限,升级认知

认知升级可以丰富人的世界观、人生观和价值观,让我们看到更高维度的世界。看到,更要做到,这需要我们持续行动。

在进入 DISC 国际双证班社群之前,我的自我认知就停留在一个企业的管理者上,我的工作目标就是能让企业活下去。那时,我对自己的追求没有任何想法,我所做的事情都是为了这个公司,公司成了我的枷锁。

在进入 DISC 社群之后,我看到了很多不一样的人、不一样的生活方式、不一样的思想,我还看到了很多比我优秀的人才,他们明明已经很优秀了,还这么努力。DISC 让我了解了我为什么是我,为什么我的管理风格会是这样,为什么我的行为会引起一些质疑,为什么我的前半生都在和自己较劲。通过学习,我释然了,我能够更加宽容地看待世界,自然也能够更加平和地与世界相处。这个公司不是我的枷锁,它是一切的基础,是我的朋友。

在这段时间,我的认知飞速升级,我突破了自己的界限,做了很多以前想都不敢想的事情,我不断深耕,不断尝试新鲜事物,不断去帮助别人做咨询,参与报告解读,我还坚持一百多天每天更新1000多字,倾诉我对于人、事、物的看法。这些行动,让我在这两年飞速蜕变,也让我的个人壁垒越发稳固。在旁人眼中我成了特别睿智的企业主、善解人意的老板、拥有多重身份的咨询师。这些身份都成了我与外界沟通的桥梁,也让我与外界有了更多维度的关联。我的眼界得到拓展,我的思路更加开阔。

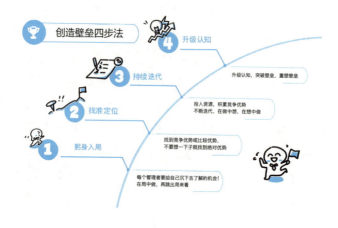

升级壁垒重积累

格拉德威尔在《异类》中,提出了著名的"一万小时定律"。格拉德威尔指出,成为某个领域的专家,需要一万个小时,如果每天工作八个小时,一周工作五天,那么成为一个领域的专家至少需要五年。虽然这一定律并非绝对,但却说明了一个非常朴素的道理,那就是"积累"。"罗马不是一天建成的。"城墙不能等到兵临城下才开始修砌。同样,要持续积累、不断升级,我们的壁垒才能从低到高、从薄到厚。

选对方向、事半功倍

世界不断发展变化,昨日的优势有可能成为明日的负累。曾经的手机巨头诺基亚、胶卷巨头柯达,都在这一点上吃了亏。选对当前方向并不难,难的是在快速的变化中,如何能够持续地选对方向。想要不选错方向,就必须躬身入局,先在局中做,再跳出局来看。

我们首先要找到自己相对于他人的竞争优势或比较优势,不要妄想一下子找到绝对优势。绝对优势是以壁垒足够高且时间足够长为基础的。

加大投入、快速积累

壁垒建成,需要"有效时间"。安德斯·艾利克森在《刻意练习》中指出,当人们在练习某项技能时,并不是投入时间就会有产出。有针对性地练习和调整、不断调整练习策略、弥补漏洞的"刻意练习"方式,和没有方法的机械练习有本质不同。

机械而麻木地堆砌时间并没有实际的价值。刻意积累,准确投入,把每一块"砖头"摆放到合适的位置,才能构建起真正有效的壁垒。以"有效性"为标准,以取得差异化成果为目的,投入尽可能多的资源在最短时间内取得成果,才能一步步积累起独特的核心优势。这里的资源可以是时间、知识、金钱、精力、人脉等等,是一切可以将优势最大化的条件。

升维思考、动态连接

通过升维思考、系统规划,就可以在壁垒之间建立起有效的关联,让它们形成"阵列""集群",发挥"1+1>2"的效力。壁垒集群的效力和生命力,远高于单个壁垒的零散组合。当我们逐步在不同的细分领域成功构建起多个壁垒,就可以站上更高维度进行思考,观察和感知外界的变化,不断校准自身的定位,调整、更新每一个细分领域壁垒,规划"壁垒集群"的蓝图。

通过不断思考,不断迭代,在做中想,在想中做,不断加固壁垒,才能创造出自己的专属领域,发挥"飞轮效应",让自己越跑越快、越飞越高。

最强壁垒是时间

没有绝对无法攻破的堡垒,也没有绝对有效的壁垒。当今时代,竞争早已不再是静态的比较,而是动态的比拼。能力比资历重要,工龄比年龄重要,速度比距离重要,增长率比绝对数重要。构建壁垒的方法同样适用于跨越壁垒。理论上说,只要投入的资源足够多,再强大的壁垒都会被攻克。但即使在这样的情形下,仍然有一种特殊的壁垒,具备极高的安全性和稳定性。这个特殊的壁垒就是时间。

从广义上来说,时间壁垒就是长期主义,一个初创三年的企业和运行三十年的企业,其抗风险能力是一样的吗?当然不是,三年和三十年所积累的资源、经验、人脉、实力是完全不一样的,毕竟在商场上,活到最后的才是赢家。从另一方面来说,时间其实可以理解为效率。京东为什么要创立京东物流?因为能够更快地传递。为什么要专业化生产,因为能最大限度地提升效率。商场如战场,谁能又好又快地适应市场需求,谁就能笑到最后。

任何情况下,即使面对资本市场的庞大资源与能力,时间壁垒仍然是最难被攻克的。即使你可以在一年之内将连锁店开遍全国,也仍然没有办法在一年之内创造一家"十年老店"。在这个世界上,唯有时间无法战胜。

无论对企业,还是对个人,很多事都是越早开始越好。早一年就多一年积累,早一年就多一年收获,早一年就多一层优势。当然,后发赶超并非不可能。在同一个专业领域,相差一年甚至数年,只要学习成长的速度够快,仍然可以迎头赶上。但领先百年,就完全不在一个层面,除非另辟蹊径,或者行业重新洗牌,否则很难超越。

善用时间的力量构筑壁垒,让你的竞争力持续领先、不可超越!

马凯

DISC+授权讲师A8毕业生

国家三级人力资源管理师、企业内训师

国际演讲会头马俱乐部会员

拥有12年主持人经验

辩论赛教练

扫码加好友

有效表达
——解读生活中的高效沟通

从呱呱坠地的婴儿,到耄耋之年的老人,人们一生都在尝试着利用各种方法与他人进行有效沟通。本能使我们具有不同程度的表达欲和倾诉欲。如果说语言是思维的外壳,有效性是沟通的价值,那么表达的有效性就关乎我们表达的时间效率与机会成本。

正所谓"一人之辩,重于九鼎之宝;三寸之舌,强于百万雄师",自古以来,就有无数能言善辩之士因为口才而被铭记。直到今天,晏子利齿斥楚王、晏婴忠言谏景公、邹忌讽齐王纳谏、孟子连珠驳陈相等典故,还被世人津津乐道,这些无一不证明有效表达的价值与力量。

表达方式不同,效果也会千差万别。由衷的赞美,有时也会被误认为是阿谀奉承,或被曲解成讽刺挖苦;诚心的劝说,有时也会被当作不理解,或被曲解成"站着说话不腰疼";坦率的直言,有时也会被看成没有城府,或对人不够尊重。我们进行表达时,如果不能够将信息准确、客观、全面地传递给受众,我们的观点就会被拒绝接受,我们自己也会因此产生不满、羞愧、自卑等负面情绪,进一步影响表达,以致形成恶性循环。表达不畅,甚至会影响我们的成长、社交和事业。

巴金先生曾这样写道:"我正是因为不善于讲话,有感情表达不出来,才求助于纸笔,用小说的情景发泄自己的爱和恨,从读者变成了作家。"幸运的是,"不善于讲话"的特质让巴金先生借纸笔来创作,他因而成了著名的作家。可是,并不是每一个"不善于讲话"的人都能够找到适合自己的方式来进行表达。

那么,到底什么才是真正有效的表达呢?

什么是有效表达

一百年前,一位伟大的美国人签署了《解放黑奴宣言》,今天我们就是在他的雕像前集会。这一庄严宣言犹如灯塔的光芒,给千百万在那摧残生命的不义之火中受煎熬的黑奴带来了希望。它之到来犹如欢乐的黎明,结束了束缚黑人的漫长之夜。

这是美国黑人民权运动的领袖马丁·路德·金最为著名的演讲《我有一个梦想》的开头部分。

其实这段话的意思很简单:一百年前,亚伯拉罕·林肯签署了《解放黑奴宣言》,为黑人带来了解放的希望。

马丁·路德·金在原意的基础上,铺陈了黑人的苦难过往与《解放黑奴宣言》之于黑人的希望。我们将原意的部分称为"理性思维",这是一种建立在证据和逻辑推理基础上的思维方式;将加入的铺陈语句称为"感性认知",这是一种通过调动情绪、产生联想来加深感受的方法。

我们在表达时,充分运用"理性思维"是为了把事情讲完整、说清楚,而运用"感性认知"则是希望受众更好理解我们要表达内容的情感与生动性,从而达到我们期望的效果,这就是有效表达。

如何有效表达

如何做好有效表达?我们通过以下两个层面来看。

理性思维：把话说清楚

在表达一件事的过程中，我们所涉及的无非是客观事实或主观感受。客观事实泛指现在与过去发生的既定事实，而主观感受包括自己的情绪、观点或看法。

举个例子：吸烟的利与弊。针对这个话题，有人可能会觉得吸烟就是不好的。如果你问他："你为什么觉得吸烟是不好的呢？"他可能会说："这种问题没有为什么，吸烟就是不好的。"

只看他的回答，我们明显可以看出他是一个对香烟有很强的抵触心理的人，在主观感受的层面，他将自己的情绪传达得很清楚。但是如果只有主观感受的传递，而没有客观事实的支撑，我们的表达就会情绪化，很可能达不到预期的效果。

若是将问题换成工作规划或是年度总结，情绪化的表达很容易让领导认为，这是一个盲目自信或过分悲观的员工。

要进行直接并且有条理的表达，就要多问自己几个"为什么"。

我们判断吸烟"弊大于利"的时候，可以问问自己："我是因为什么做出这个判断的呢？"很多人可能第一时间想到的是"健康"。没错！但还需要一些准确的数据或是信息来支持这个观点，这时可以借助自己的知识储备或其他工具（如电脑、手机）来收集相关信息。

顺着"健康"这个思路往下梳理，我们可以继续追问：

"为什么我们要以健康标准来评判？""因为健康是当代人最重视的标准。"

"为什么只看健康层面？还有什么层面可以看？""还有情绪层面，很多科学研究表明，吸烟对于人的情绪有调节作用，这是吸烟带来的积极作用。"

"那么为什么我们不能以此说明吸烟利大于弊呢？""因为仅从调节情绪这一点来看，它的可替代性太多了。做运动、听音乐等都有类似的作用，但是吸烟对健康造成的危害却是公认的。因此，吸烟还是弊大于利。"

……

通过上面一系列提问和回答，我们的情绪化表达变成了有客观事实支撑的表达。

请注意,"自我问答"时,要始终着眼于关键问题本身。如果我们的思维由"吸烟"切入"健康",再由"健康"转移至"保险""补品"等问题,那么有可能脱离想要探讨的问题重点。

始终牢记:问题的复杂性通常不是来自问题本身,而是因为解决问题的方法远离源头。

通过自我问答,我们可以知道吸烟对情绪有积极作用,也可以知道吸烟造成的危害远远大于它附带的益处;如此继续追问,我们也可以继续收集和获得我们还不知道的信息。每一个问题就好像一根思维触手,随着问题的深入,思维触手交织成思维之网,而这就是我们理性思维的形成过程。

爱因斯坦在《物理学的进化》中讲道:"'提一个问题'是一种创造,而'解决一个问题'是已有知识的再现。"

提出一个好问题,很多时候就是理性思维的关键所在!我们借由理性思维整合、归纳、筛选、推导我们的观点与看法,就是我们认识世界、认识自己的过程。

感性认知:理解并认同

康德曾说:"我们所有的知识都开始于感性,进入到知性,最后终于理性。"

幼年时,知识来自父母的培养;少年时,知识来自老师的课堂;成年后,知识来自自发的学习。当我们接收一种知识或信息时,我们的注意力往往先是集中于信息的发出者,我们首先关注他讲的内容是否有趣、是否能够吸引我们的注意力,然后再去思考信息本身的意思及意义。

一次完整的表达通常包括自然的开场、丰富的内容以及合适的结尾。可能我们平常考虑得更多的是内容的部分,重点解决"讲什么"以及"怎么讲"的问题。想要有效表达,就需要我们更加关注细节。接下来,我结合 DISC 理论,讲解如何从感性认知方面做到有效表达。

发挥 I 特质,营造好环境

想进行有效的表达,首先要抓住受众的注意力。成年人的注意力大多是转瞬即逝的,尤其在人数较多的时候,如何将受众的注意力留住,真正做到令对方能够静下心来玩味你的内容,这对表达细节提出了更高的要求。

表达者在环境挑选与氛围营造上花费的功夫越大、成本越高,越容易与受众建立信任关系。

在街边遇到卖房中介或健身房推销员,他们的固定句式一般是:"帅哥,优质房源/游泳健身了解一下?"

两位穿着职业套装的工作人员,一位手持话筒,带着"健身大百科"的 LOGO,另一位拎着摄像机四处拍摄,这时他们发现了你,微笑着对你说:"先生,请问您是否有时间接受我们的采访?"

同样是在街边,同样是被人询问是否有时间进行沟通,人们对待两组人的态度是有差别的。即使什么话都不说,大多数人对第二组人的印象会更好,认为他们更专业,更值得考虑是否要付出时间。这就是感性认识在发挥作用。

一个好的环境、一个安静的氛围、一次恰当的时机等,都有助于我们进行有效表达。

发挥 D 特质，抓住内容关注点

作为表达者，我们关注的更多是"我要如何更好表达"；受众首先想到的是"内容是否有趣"以及"是否符合我的预期并对我有价值"。

表达者在表达时，切忌着急，否则可能会起到南辕北辙的效果。

客户说："这里挺安静的。"

销售说："是的，这里现在是挺安静的，不过这里的夜市还是挺不错的，之后还会在前面建一个小广场，那样的话就更热闹了。"

客户说："呃……那我再考虑考虑吧，我原本就是想图个清静。"

可见，有时候并不是反应越快就越好，而要看表达是否符合对方的预期并且对其有价值，这就是表达内容的关键点。好的发问会帮助我们节省大量的时间与沟通成本，去了解受众关注的事情。问题可分为：批准性问题、封闭性问题以及开放性问题。

当我们要涉及一些敏感的问题，或者要转入下一个话题时，我们可以运用批准性问题。例如：王先生，您说这件商品好像不太实用，那我能了解一下您家的面积吗？面积大于 60 平方米以上，它的利用率都是非常高的。

这一类的问题比较尊重回答者，请求回答者对话题的"合法性"进行批准，面对 D 特质突出的回答者，可以让他感受到被尊重，S 特质突出的回答者也会因为感受被顾及而高兴，在某些情况下，I 特质突出的回答者对这一类问题可能会觉得问问题的人太拘谨、太小心翼翼，与他有距离感。

封闭性问题不仅能把我们的沟通聚焦在我们想要了解的内容上，在回答者偏离主题时，更能起到暂停对话、复述原意、确认重点的效果。例如：陈先生，我懂您的意思了，您说平时经常跑高速，那么您是否十分关心这辆车的安全问题呢？

在表达时，有时候我们需要根据对方的反馈来继续我们的内容，但是有的时候 C 特质或 I 特质突出的回答者会滔滔不绝地讲自己的感受与见解，影响我们的叙述逻辑。

时间比较充裕的时候可以运用开放性问题。开放性问题的答案没有限定，回答者可以任意发挥。I 特质突出的回答者往往喜欢这种问题，S 特质突出的回答者也能因为问题的开放性,在放松的状态下说出自己的真实感受。例如:郑小姐,今天的晚餐觉得如何?

发问是最直接的探知对方关注点的方式,不过某些情况下,问题太多也会让受众产生表达者不够专业的想法,这时候就需要我们运用间接的方法——换位思考。换位思考要求我们具有一定的见识与阅历,能够从各个方面去思考事物。这就需要我们平时多读书、多历练、多感悟。

有一个小技巧可以帮助我们:不要去纠结换位思考的结果,而是向受众表达一种换位思考的意愿,可以适当运用这样的句式来表达:"其实我刚刚还在想,如果我是你,会有什么样的关注点,我想问一下你是不是这样想的?"

重视和珍惜每一次表达机会,换位思考不是目的,让受众认可我们的观点、做成事情,才是我们要争取的结果。我们在表达中秉承为他人着想的主旨,能够让我们的受众感受到尊重,从而更愿意倾听我们表达。

发挥 S 特质,结尾以情感为导向

结尾处的表达需要以情动人,增强感染力。结尾处要能调动受众、产生互动,让受众的思绪与情感随着我们一起变化起伏。

央视节目《百家讲坛》的《易中天品三国》播出时,一直保持着高收视率。易中天教授以他和蔼可亲的台风与诙谐幽默的讲解,获得了观众们的一致认可。他在每一集《易中天品三国》的结尾处是怎么做的呢?以第一集《大江东去》为例:

在今后的节目里,我将和观众朋友们一起笑谈三国,品读三国。那么,从哪儿说起呢?我想还是从那个历史形象、文学形象、民间形象最复杂、分歧最多、争论最大的人说起。就让他引领我们,走进那个很复杂而又波澜壮阔的历史吧!请看下集——《真假曹操》。

易中天教授是一个非常擅长以问句的形式来设置悬念的人。在整段结束语中,他用了很多形容词来描绘他所想说的这个历史人物,却直到最后才告诉我们,他要从曹操开始说起。这样做的好处在于,我们不仅仅看完了节目,还会随着他的语言表达对曹操的人物形象产生浓厚的兴趣,不由自主地产生想看下一集的想法。

结尾时,如果想为下一次的沟通做铺垫,可以设置悬念,引发好奇;如果想获得受众的共鸣,可以放大价值,传递态度;如果想为受众带去感动,可以推心置腹,升华情感。

结尾是表达的最后一环,要配合前面的内容。调动受众的情绪与感受,让受众进行思考,产生表达者希望对方产生的情绪,这才是完整而有效的结尾。

发挥 C 特质,把控时间

《春节联欢晚会》是我们中国人一年一度的盛大晚会。除夕夜的零点前,主持人都会用他们热情的声音和我们一起倒数计时,共同迎来新的一年。观众们可能会觉得这是一个非常自然的环节,殊不知,这个时刻其实是春晚会务组最紧张的时刻。主持人要承受巨大的心理压力,要把握好语速节奏,还要在脑海中临时想好台词,这些都非常不容易。

把控时间对表达有着至关重要的影响,对表达者而言,学习把控时间,也是在学习如何分配表达内容所占的时间,根据性格特质灵活调用语言风格。

D 特质突出的人士性格偏直接,追求高节奏、高频次的交互方式,当表达对象是 D 特质突出的人士时,表达者要学会"做减法",可以剔除一般人际交往中的寒暄部分,如果表达决策性的内容,先表达结论,再阐述逻辑;如果表达说明性的内容,就阐述关键点,明确重点内容。

如果表达对象是 S 特质突出的人士,表达者要学会"做加法",S 特质突出的人士善于通过倾听来探寻表达者的精神内核。如果想要针对他们有好的表达效果,可以加入更多主观性的内容以及直观的展示。

哪怕是同一件事,面对同样的对象,不是每次都会有充足的时间来完成表达,这就需要表达者通过"加减法",既能将原本需要半个小时讲述的内容用五分钟时间高度概括,又能在有需要的情况下不断挖掘和思考,形成新的有价值的观点并输出。

为了把控时间,表达要做到"五忌":

第一,忌说官话套话。表达者要有自己的话语体系,要言之有物、言之有理。即使一定要说官话套话,也请用自己的语言来表述。

第二,忌念稿子。除了特别严肃、正式的场合外,都不要念稿子。

第三,忌频繁使用口头禅式的过渡衔接词。"这个""那个""嗯""啊"这类的口头语用多了,会打断表达的连贯性和严密性,同时也显得表达者思维不够敏捷。

第四,忌跑题太远。跑题既冲淡了主题,破坏了逻辑,又削弱了表达效果。

第五,忌长篇大论,滔滔不绝。表达者既要表达充分,也要给受众留出感受与思考的时间。

DISC 与不同表达对象的矛盾处理

日常生活中,当我们与表达对象的年龄差距过大时,怎么才能顺利沟通呢?

0—12 岁的孩子:运用 I 特质,建立同理心

0—12 岁的孩子还处于成长阶段,就是好奇宝宝,对身边的事物有着无比强烈的探索欲望,他们既依赖父母,又喜欢四处捣乱;既对大人的世界感到新奇,又对陌生的人和环境怀有恐惧。

当表达对象是 0—12 岁的孩子,表达者首先要做的就是运用 I 特质建立同理心,避免自己成为只会管教他们的"敌人",可以用一些小游戏或一些奖励与他们建立亲密关系。不要做一个高高在上的大人,蹲在地上和他们平等地对视再尝试沟通,才能达到理想的沟通效果。

13—25 岁的青年人:运用 D 特质,彰显领导力

13—25 岁的青年人正慢慢接触社会,尤其是 20 岁以上的青年人正经历由校园生活向现实社会转变的过程,刚踏足社会,会对工作、对生活产生短暂迷茫。

有一定社会经验和阅历的表达者,对价值观与世界观都有自己的见解,在与青年人进行交流时,要运用 D 特质彰显一定的领导力,这样既能在对方心中树立形象、给对方强有力的支持,又能够拉近双方关系。

25—60 岁的壮年人:运用 C 特质,寻找利益点

25—60 岁是一个跨度非常大的年龄段,有些人可能在工作中勤恳努力、不断

进步,有些人可能在生活中寻得真爱、阖家幸福,有些人可能在仕途上平步青云、一路高升,有人成功实现了理想,也有人遗憾地错过机会,但是每个人都不会拒绝让自己变得更好的机会。

因此,当以 25—60 岁的壮年人作为表达对象时,表达者首先要找到与对方的利益共同点。运用 C 特质,能准确而清晰地将双方的利益点展现出来,大大降低沟通成本。

60 岁以上的老年人:运用 S 特质,消除信息差

如果不能消除信息差,沟通会陷入停滞。年轻的表达者在面对老年人时,应当更加积极、主动地消除信息差,处处为长辈考虑,在表达中多运用 S 特质,真正为他们着想,为他们的生活带去便利。双方凭借信任实现良性循环,就能够消除信息差,做到有效沟通。

李海滨

DISC+授权讲师A8毕业生

三级拆书家

RIA学习力导师

日语翻译

扫码加好友

职场蜕变
——利用DISC提升领导力

世界上唯一不变的就是变化。职场人士如何在职场保持核心竞争力？我觉得答案是，职场人士要敢于走出去，探索更多的可能性；要不断学习，升级自己的认知；要与人为善，提高人际敏感度。

职场小白的蜕变

走出校门的那一刻，我们就要为自己的未来负责。习惯了象牙塔内的舒适与无忧，刚走进社会的我，突然发现自己很渺小。这几年，我一步步走来，终于离目标更近了一些。

D——勇敢走出第一步

不知道大家是否和我一样,在高考后填报志愿选学校的时候,巴不得离家越远越好。只要能离开家乡,再远我都愿意。我哥哥当时就跟我说:"外面的月亮就那么圆啊!离家近不是挺好的吗?一个女孩子干吗跑那么远?"我心里偏偏就是有一股子倔劲:世界那么大,我要去看看。

我如愿到了外省读书。为此,我非常感谢我的父母,在我人生的几次重大决定上,他们都支持我。毕业以后,我不想从事和自己专业相关的工作。在表姐的影响下,去东北学了一年日语,准备以后从事日语方面的工作。

从一年的全日制日语强化班毕业以后,我正式开始了"深漂"的日子。从鸡西坐车去广州,39个小时,当时为了省钱买了硬座,坐得我都没有知觉了。一下火车,满地的高楼大厦,街头到处都是用粤语闲谈的人。我一句都听不懂!就这样,我每天跑人才市场,边投简历边辗转于深圳、惠州、东莞找工作。三个月过去,终于"皇天不负有心人",我在惠州一家港资公司落脚,开始了我的第一份工作。

在我工作了差不多三个月的时候,有一天,一位高中同学兴奋地给我打来电话:"我被深圳的一家单位录取了!"当时,我好开心呀!终于能在离家这么远的地方听见乡音、看到家乡的人了。她来的第一个周末,我们就约好去逛大超市。等我们从超市出来,眼见一个女孩儿耳环被拽跑,鲜血直流……那个女孩儿穿着高跟鞋奋力追赶歹徒,边喊边追……当时我就暗暗下决心:"我要离开这个地方,我一定要离开这个地方。"一回到住处,我就开始投简历,目标锁定长江三角洲。就这样,我来到了宁波的一家创业型公司。

S——从小事做起

宁波的公司只有三个人:我、老板、老板的翻译。现在,我们公司已经从3个人慢慢发展到了将近400人的规模。当时,我们是从事务所开始做起的。老板和翻译每天跑市场;我负责办公室事务,处理一些杂碎的事情,比如打包样品、寄样品、做表格、整理资料等。

一年后我们搬到了工厂。我从车间主任开始做起,也是零基础开始。学!每天给工人开早会,排生产计划,给工人安排工作。赶货的时候,我也和工人一起在流水线上干活。眼看着我们生产的第一批货用集装箱装走了,甭提有多开心了!

好景不长,两个月后,我们收到了日本总公司的投诉:产品质量有问题。老板让我兼管品控工作。果然是应了那句话:"干得多,错得多,被骂得多!"我的老板是急性子,还特别爱生气。我经常被他骂哭。现在回想起来,觉得当时的自己挺了不起的,哭完继续干活!后来,随着订单量越来越大,工人也越招越多。管理自然就成了问题。我一个个找工人谈话,开始涉猎管理。

有很多锻炼的机会老板都想着我。我甚至学过开叉车、卸货、装集装箱。宁波的夏天又热又长,每次集装箱装完我的衣服都湿透了,但我却乐此不疲。第一次去日本总公司实习,名额只有3个,其中就包括我。我开心得不得了,因为这是我第一次走出国门!

从国外实习回来,业务部的单证员要离职,却迟迟找不到合适的继任人。我毫不犹豫地说:"我来!"当时就想着多学点东西,可发现学起来没那么简单。

C——深耕打磨

单证这项工作要求要极度仔细。我们公司的产品品种又特别多,有接近400

多个品番。报关时,多的时候有十几个品名,少的时候也有近 10 个。我们公司当时要求单证不仅要做发货清单,还要和仓库一起监装,清点货物。

我才开始做,就连续出错。当时我心里害怕极了!老板说:"鉴于你是刚刚开始学。慢慢来!下次一定要仔细。"听到急性子的老板这样说,我忐忑的心瞬间平静下来。那段时间,我每天提心吊胆,做梦都梦到资料做错了,发货数量点错了、报关金额错了。感觉自己都快神经质了。从那以后我开始研究解决方案,希望避免出错、降低错误率,并请教了公司的 Excel 高手,用表格归类的方法避免出错。

也就在那个时候我开始思考,遇到员工突然辞职的情况该怎么处理?如果没有详细的交接流程和资料,新人很难接上手。如果我以后带团队了怎么办呢?

就在这个时候,我被提拔为业务部主管。因为有日语优势,还有单证经验,对生产也比较熟悉,和日本方面对接工作十分便捷。

问题又来了。第一次当主管,怎么开展工作呢?我在朋友的推荐下买了相关课程,参加了线上的可复制领导力课程的学习,还买了实体书籍进行研究。

什么是可复制的领导力?领导力是学会的,它不是一种感觉,领导力是可以习得的。人们一旦意识到一件事情是可能的,那么接下来就是技术和时间问题。因此我们要打破领导力不可复制的思维定式。

领导者与管理者是有区别的。什么是领导者?什么管理者?《亮剑》中,李云龙与赵刚两个角色,很形象地分别代表了领导者和管理者。前者善于制造气氛,比如李云龙每次出征前都对战士演讲,后者善于处理内部大小事务。

Ⅰ——思维转变

我是一个比较内向的人,但是有时候只能逼自己一把。比如,我在深圳求职时,坐车、坐地铁等很多时候需要问路,刚开始我都不敢开口,只好自己默默地看地图。但是也有看不懂的时候,又急着去面试,所以逼自己开口,慢慢地学着与别人沟通。

职场中,沟通无处不在,每个人要和领导沟通、和各部门同事沟通。和领导沟通,比如领任务。领导布置任务的时候,最好多确认一遍。因为等到做错再去修正,既浪费时间,又浪费精力,还浪费资源。这也是我从我的老板那里学来的。他每次布置任务以后,我都会再次复述一遍,确认一下我是否理解正确。在向老板汇报工作时,我也很注意条理,总是用"一、二、三"条分缕析地清晰表达重点。

最开始我汇报工作时也是抓不住重点,说了一大通,老板却一脸茫然。他经常对我说的话就是:"说重点!""你想表达什么?""你接下来要怎么做?"和老板相处久了,我慢慢了解老板的性格和脾气,能用老板容易接受的方式与他沟通和汇报工作。又比如和同事沟通。我担任业务部主管后,对内我需要下订单给生产管理部,这要求我提供的数据尽量准确,对外需要回复客户交货期,这要求我必须考虑客户的需求并尽量满足。

与不同下属的引导沟通

身为领导,不仅要有过硬的专业知识,还要有很好的沟通能力。DISC 帮助我们了解他人,提高人际敏感度。想要与下属顺利沟通,一定要先了解下属,DISC 有三种方法帮助我们了解别人:第一种是坐标轴法,第二种是观察识别法,第三种是专业测评法。

D 特质下属

D 特质下属行动快,关注事,抗压能力强,敢于迎接挑战,敢于啃硬骨头。那些别人难以完成甚至已经产生畏难情绪的任务,对他们而言反而是很好的挑战。难度越大的任务,越能激发他们的征服欲望。只要给他们讲清楚工作流程和注意事项,他们会主动出击,而且会想方设法完成工作任务。

我部门的小陈,是一个工作了 3 年的跟单员,在工作中我行我素,总认为自己做的事情是正确的,做事的速度很快。当我下达任务给她时,她二话不说就去执行,很多时候还会提前完成,可完成质量堪忧。

有一次，我问她："工程部的样品打好了吗？马上要寄样品给客户了。"她说："负责打样的那个人请假了。"那一刻，我很生气，但也无言以对，只能自己憋屈，觉得她工作中不汇报、不反馈，完全不顾及我的感受。

和她相处，我常常感觉不到她的善意，总是喘不过气来。最不能接受的是，她每次都有各种各样的理由来回应我，真是一点办法都没有。久而久之，我甚至开始讨厌她，不想和她沟通。

学习了 DISC 理论，我知道她的行为风格是以 D 特质为主，很多时候对事不对人，并不是针对我。她不怕挫折、果断、有旺盛的进取心、有强烈的自尊心；但她对人际关系方面不太敏感，容易忽略别人的感受。

我从忍受她到接受她，最后喜欢她，并帮助她在团队中发挥作用，每当团队需要有人挑大梁，我总能想到她，而她也从不让我失望。在与她的交流过程中，我也能慢慢欣赏她的直率，赢得她的尊重。

D 特质的领导特别喜欢 D 特质的下属，为什么呢？主动积极、效率高。我的老板做事风风火火，是个工作狂，任何时候都处于"工作状态"，用他自己的话说，吃饭走路都在想工作。他性子急，也是典型的完美主义者。我是如何和他相处的呢？充分发挥我的钝感力——不反驳、不计较、不要求。

与 D 特质下属沟通的技巧：直奔主题、讲重点。为了防止他们独断，最好提供明确的公司流程，否定他们的质疑。

I 特质下属

I 特质下属行动快，关注人，擅长表达，友善开朗。他们沟通能力比较强，所以在给他们讲工作流程的时候，最好重点介绍部门对接人员以及本部门人员的特点，让他们心里有数，以便开展工作。

I 特质下属主意比较多，思维也比较跳跃，在给他们交代任务的同时，也要告诉他们截止时间。他们工作中有任何闪光点，哪怕是很微小的进步，给予公开表扬和鼓励，会让他们感到受重视。

我部门的小赵，每天都打扮得很时髦，头发颜色一个月换一次，每天都涂着美美的指甲油,心情就像六月的天,孩子的脸,说变就变。开心时,经常惹得同事们哈哈大笑,每次公司搞团建,她找的地方不但风景优美,伙食还超级好。每次团建,她都能带动大家玩得开心、尽兴。而在工作中,我总觉得她做事情大大咧咧、疯疯癫癫、不靠谱。

学习了 DISC 理论后,我知道她的行为风格是以 I 特质为主的,她的特点是活力四射、直肠子、真性情,喜怒哀乐都写在脸上,喜欢新鲜事物。公司需要活跃气氛和开展活动的时候,她就是最好的主持人和策划人,因为她总有各种各样新奇的点子。

与 I 特质下属沟通的技巧:为他们提供舞台,帮助他们尽情地展示自己,不要太死板。他们完成目标的时候,要及时给予肯定和赞美,可能简单的一句话,就能让他们干劲十足。他们喜欢团队协作,喜欢快乐的工作气氛,不喜欢孤立的工作,所以,要多为他们创造团队协作的机会。

S 特质下属

S 特质下属行动慢,关注人,耐心细致,是很好的支持者。他们做事比较保守,比较有耐心,也很仔细。分配工作给 S 特质下属,要随时询问进度并及时给予讲解。S 特质人士面对新的工作时,容易不知所措,所以一开始不要给他们很多任务,要多给他们一点时间,多给予他们帮助。

S 特质人士比较在意别人的看法,所以要多给予他们鼓励,让他们放手大胆去做。

负责下生产单的小龚,在公司工作了四年,工作勤勤恳恳,一直难以晋升。我找她聊天,她说她不在意升不升职,只希望稳定,现在的工作内容是她所熟悉的,她每天能轻松按部就班完成工作,又不耽误准时回家照顾孩子,基本可以做到工作家庭两不误。对于现状,她很满足。如果升职加薪,不仅工作量要增加,还要学习新的东西、经常加班,她觉得那样的生活不是她想要的。

平常同事们讨论去哪里吃饭、去哪里玩,小龚总说"无所谓""我都行""你们定就好"。有时候,我觉得她没有激情、没有要求、没有主见,甚至有点怒其不争。

学习了 DISC 理论后,我知道她的行为风格是以 S 特质为主,她的特点是有耐心,凡事从他人的角度考虑问题,行动比较慢,不太会拒绝别人,自信心不够,比较爱随大流。

S 特质下属是很好的支持者,在团队中经常充当和事佬,他们的配合度高,心情不会大起大落,虽然动作慢一些,但是给人很踏实的感觉。和他们相处感觉特别舒服。

我自己也是 S 特质突出一些。我刚走上管理岗位的时候,缺乏管理经验,害怕下属不配合,影响团队关系,所以很多事情都亲力亲为。因为这个没少挨老板的骂。

与 S 特质下属沟通的技巧:讲话稍慢一点,不要给他们造成压力,不要单独让他们做决策,给他们足够的安全感,多鼓励他们。

C 特质下属

C 特质下属行动慢,关注事,注重细节和程序,采取行动的时候比较谨慎和迟缓。他们很严谨,会耐心看完领导给的资料,在交流过程总能提出专业和中肯的意见。他们是完美主义者,做事一板一眼,按部就班。为了避免 C 特质下属过于纠结工作中的细节而影响进度,管理者最好给 C 特质下属规定任务完成时间。

我部门的小贾,做事总是有理有据、一丝不苟。有一次,我安排她做一份出货清单,她说,之前没有做过,而且在共享文件夹里没有找到参考模板,具体的参考数据也没有,希望我能提供类似数据。

当时我正在处理老板急要的资料,听她这样说,立刻就回答道:"自己想办法吧!任何事情都有第一次,也不可能所有的资料都有模板,自己先试着做吧!"她虽然没说什么,但是能看得出来很憋屈。

那天晚上我写工作日报的时候,想起了白天的事情,心里有点过意不去。第二天我求助别的部门,找到了一些相关的参考表格,然后我单独找来小贾,我们俩一起商量、讨论。很快,她就做出了一份非常完美的出货清单。

C 特质人士对自己要求很高,对任何事情都精益求精。一件普通的事情,他们常常能做得非常仔细、非常完美。他们的特点是：思路清晰，重视规定与原则，关注事实与数据，行动速度相对较慢。C特质员工比较适合担任财务工作。

与C特质下属沟通的技巧：用专业去说服他们，给他们足够的数据并做出相关规定，让他们信服。

和下属打交道，或多或少都会遇到问题，也有磨合期。管理者通过各种工具对下属的行为风格有所了解，就能有的放矢，与之配合，打消下属的疑虑，帮助他们快速融入团队，顺利开展工作，创造价值。

部门工作分配小妙招

我管理的部门是业务部门，对外，要对接客户，答复客人交货期；对内，要跟踪生产。保证交货期和质量是我工作的主要内容。

日常管理工作中，我经常利用白板来分配工作：

一个月的出货清单（包括出货日期和数量）

特急的出货清单

每一项详细的工作，我都会写上负责人的名字和截止时间，并在会议上反复强调每一位责任人的工作。

为什么我要写在白板上呢？

因为交代得多了，D特质下属会记不住。

可能刚刚说完，I特质下属就忘记了。

不交代清楚，S特质下属会比较迷茫，不知道具体该干什么。

不写出来，C特质下属脑子里会有很多问号。

此外，我还要求他们滚动更新进度，以便第一时间知道最新进展。

云汐

DISC+授权讲师A8毕业生
DISC推荐讲师
DISC社群联合创始人
财富罗盘领航教练

扫码加好友

DISC赋能人生
——让生命重新绽放

你可曾体验过不甘心又无可奈何的时刻？又或者一直处在这种状态？每个人都或多或少经历过至暗时刻。是触底反弹，将其作为我们人生路上再次起航的新起点？还是彻底被击溃，从此沉沦？又有多少人天天在自我否定中度过？是否生活如一团乱麻，感觉自己时时处于拉锯战中？是否明知这种状态不对，想跳出来却无能为力？

我也曾深陷这种状态中无法自拔。刚生完二宝回到职场，突然发现，一直和我同级的同事都变成了我的领导。工作十几年，竟然在职场上毫无收获，觉得又失落、又委屈。

在最难过的日子里，友人推荐了海峰老师的DISC课程，我从那时开始系统学习DISC，并在工作、生活中实践应用。我从部门经理，成长为能独当一面的工会副主席；变成了懂得照顾家人情绪的好妈妈、好女儿。

仔细回顾这段经历，我发现很多人都有过我曾经的经历。我们总是活在别人的评价里，很少静下心去观察自己、观察家人、观察同事甚至观察路人。这恰好成了我们人生道路上最大的阻碍。

我们不知道，自己眼中的"我"和别人眼中的"我"有什么不同；我们不清楚如何真诚和他人相处，让对方感觉舒适；我们不知道如何向上管理，去和不同脾气的领导沟通；我们甚至不知道自己有何优势；我们缺乏待人接物的基础技能，缺少人际敏感度。

如果你也像我一样渴求成功，希望自己变得更好，希望为身边的人赋能，帮助他们变得更好，DISC 是你不能错过的一个有效的工具。

海峰老师曾说过：每个人或多或少都使用过 DISC 的技巧，只是他们并不自知而已。

我学完课程后做了一次复盘，才发现海峰老师果然没有说错，原来 DISC 早已融入了我的工作、生活。

神奇的 DISC

DISC 早已在不经意间闯进了我的生活，对此感受最深的是我身边的人。他们惊讶于我的变化，也好奇我口中神秘的 DISC。前几天同事还在问："DISC 到底是什么？能让你变化这么大！"这个问题，真的很难用简短的语言回答。

第一，DISC 虽然是工具，但它的妙处需要每个人在具体实践中体验；第二，DISC 的内涵非常丰富，我只能谈谈自己对它的一些粗浅理解。

美国心理学家威廉·莫尔顿·马斯顿博士在《常人之情绪》中提出：情绪是运动意识的一个复杂个体，它由分别代表运动神经本性和运动神经刺激的两种精神粒子传出冲动组成。这两种精神粒子能量通过联合或对抗形成四个节点。

利用 DISC 行为分析法，可以了解人的心理特征、行为风格、沟通方式、激励因素、优势与局限性、潜在能力等方面信息。DISC 理论也被广泛地应用于企业人才的选、用、留、育。

DISC 根据人关注的方向和行动的快慢，将人分成了：D 支配型、I 影响型、S 谨慎型、C 稳健型四种类型。不同类型对应不同的做事风格以及思维方式：

D 支配型：性格坚定，目标性强，气场强大，善于借助权力掌控局势，做事注重决策权。这类人一般在管理和销售层居多。

I 影响型：性格开放，敢爱敢恨，说话时表情丰富，声音洪亮，能给身边的人带来快乐，做事有创意，想象力丰富，不会墨守成规。这类人适合从事营销和公关类工作。

S 稳健型：性格腼腆，乐于助人，不喜欢冲突，总是默默承受压力，迁就他人，会赞美别人，懂得支持他人，平时比较低调。这类人适合从事行政和人力资源类工作。

C 谨慎型：善于思考，逻辑清晰，喜欢用数据说话，与人保持距离，社交敏感度不高，做事有条理，追求精确。这类人适合从事科研工作。

每个人身上都有四种特质，只是比例不同而已。比如，我们说一个人的 D 特质很突出，是指他的 D 特质相比 I、S、C 这三种特质而言更突出一点，不代表他身上没有其他特质。

了解人的行为风格并灵活应对，正是 DISC 带给我最大的启发。

碰到更关注做事效率的 D 特质人士时，要尽可能节约时间，讲重点，表达尽量清晰，及时反馈，尽最大可能节约对方的时间，提高做事效率。赢得 D 特质人士的法宝，就是给他们快速且高效的印象。

碰到注重感觉胜于行动的 I 特质人士时，要尽量给予他们认可、赞美，给予他们足够多的反馈，足够大的舞台。赢得 I 特质人士的法宝是"快"且"有趣"。

碰到喜欢稳定、和谐的 S 特质人士时，要着重赞赏对方的团队精神，尽可能提前告知工作行程，并定期提醒，多包容对方的想法与情绪。赢得 S 特质人士的法宝，就是给他们足够的安全感。

碰到逻辑严密的 C 特质人士时，要尽量用数据说话，尽可能专业、规范。赢得 C 特质人士的法宝，就是严谨、规范，哪怕有一点教条主义。

针对不同的行为风格，采用不同的应对方式，使用不同话术，自然能找到最有效的与对方交流、沟通的方法，让对方感觉"他懂我"，从而获得双赢。

越深入了解 DISC，越能发现它的神奇功效。我正一步步逐渐验证着这个神奇的转变过程，我开始影响身边的人，走上了为他人赋能的道路。

DISC 赋能工作

我曾经手一个项目,3000 多万元的标的,要求 4 个月完成 6 万平方米的装修,公司下了死命令。有经验的人应该知道,这样一个项目几乎是不可能完成的,但这个项目最后还真被我拿下了。我不止拿下了装修项目,还顺手解决了公司的一笔坏账,我的秘密武器就是——DISC 性格分析法。

这个大项目一开始并不是由我负责,是由其他同事负责的。但从 5 月到 8 月,项目没有任何进展,决算与土建供应商也有了很深的矛盾。公司和土建供应商最初签的合同金额是 9000 万元,但结算时,对方的报价却是 1.4 亿元,大大超出了公司预期。仔细审核后,我方表示只能承担 1.1 亿元,对方的愤怒可想而知。

当时大楼里乌泱泱全是人,冲突一触即发!那时,我心里有个声音一直在说:要冷静,要冷静!这种困难算什么?不能慌,要寻找一切可能的突破点,解决问题。不经意间,我身上讲究逻辑,分析过程,希望通过组织、程序、规章来掌控环境的 C 特质被激发出来了。

解决完土建,终于可以进场装修了。本以为可以顺顺利利完成,但装修真是一件让人很头大的事情,永远不知道有多少坑在前方等着你。

印象最深的是,装修进行了一大半,空调、消防也已全部完工,安装灯的时候却发现安装不上!灯的空间被空调和消防设施占了。几家单位的负责人针锋相对,甚至在现场大声嚷嚷,每个人都在坚持:我的标高是按照图纸完成的,我不可能改!

作为甲方现场负责人,我要怎么办?到底让谁来改呢?耽误的工期怎么追回来?费用由谁来承担?一系列问题突然涌来,那一刻我真的有点崩溃,但事情总归要解决。

我先找领导请示项目能否延期,很不幸被告知不可能。时间紧,任务重,几乎不可能拆了重装。领导还明确表示返工费不可能由我们承担。

DISC 性格分析法,又一次发挥了奇效。我发挥 S 特质,告诉空调和消防方面的负责人:"你们都很专业,没想到这么快就弄好了,这个问题主要在我,没提前跟各位沟通好。但大家现在也看到了,按照工期节点,明天要装灯,所以,今天必须出一个解决方案。我是外行,请大家多多包涵,我个人认为空调改动起来非常困难,得拆机移机,还涉及走管线、电源等等一系列问题。相对而言改消防设施会简单点,能否协调解决呢?"

看着一脸犹豫的消防施工单位负责人,最后我发挥 D 特质:"别犹豫了,明天必须安装灯具。这么大的项目我们合作配合好了,以后有工程肯定优先找你们。"

最终消防单位同意帮忙返工,并且保证分批完成,不耽误整体交付。整个项目,不同场合,我根据具体情况分析每个人的性格特征,采用不同的沟通技巧,每天都有不一样的故事。

现在复盘,才惊觉装修项目真的极大地锻炼了我的 DISC 能力。

这段工作经历,让我深刻意识到:

关键时刻调用 DISC,抓取关键人物,根据不同人物的性格特征,采用不同的沟通方式,能让问题得到最完美的解决。

向上管理,DISC 赋能领导

我从事行政工作,工作中的一项重要任务是安排接待众多领导走访。由于出色完成了装修项目,领导将接待大领导的工作交给了我。

接待工作涉及公司上上下下多个部门,如何统筹协调各部门的资源?如何说服本就很忙的各部门关键人物抽时间接待领导?这成了能否完美完成接待任务的重要因素。

相关人员不是说"不好意思,我有个非常重要的会议要参加,没有时间陪领导",就是说"你看我,正在做一个调研报告,明天早上就要交,真的没办法"。碰了几次壁,我反而更有斗志,决定一定要拿下这个任务。要同时和这么多人打交道,不就是一次实践 DISC 理论的好机会吗?

以往,接到接待任务后,我们会第一时间以邮件的方式告知我们拟定的参与接待的各部门,将到访领导们的名单及职务清单、到访时间、参观哪些部门、多少人陪同、各部门需要提前准备的接待资料等信息用邮件告知各部门。

但我们也经常碰到领导改变行程导致接待工作白忙活,或领导加急调研,被打个措手不及等意外情况。为了解决此问题,我调用 C 特质,定期跟踪询问可能调研的领导名单,根据对方提供的人员名单,列出我方接待的规格,比如是否需要董事长亲自接待。接着,再确定一些接待细节,比如,是否需要会议室,是否需要准备鲜花茶水或者欢迎词,是否需要提前准备一些专业的主题汇报等等。

我调用 I 特质,主动和各部门拉近关系,在接到接待任务后,主动打电话给参与接待的同事,约面谈,请求协助,对他们表示足够的尊重和理解,减少了大量不必要的沟通。

细节敲定之后,我调用 D 特质,仔细分配具体的事项。接待工作每一步都离不开各部门的同事相互配合,相当考验沟通能力,怎么少得了发挥 S 特质。

人的潜能是无限的!我从事的是服务行业,一直以来我多使用 I、S 特质,但通过接待任务,我才意识到,原来我身上的 C、D 特质也不低,我也可以很有逻辑,也可以很强势。在和领导沟通的过程中,通过自己的 D、I、S、C 特质去影响领导的反馈,也是一件非常有趣的事呢!

纵向管理,DISC 赋能员工

众所周知,工会工作是非常繁杂的,比如每年筹办年会、运动会,组织各种比赛,如篮球比赛、羽毛球比赛、足球友谊赛等,虽然都不是什么大事,但每一项工作都非常繁杂。工会工作不仅需要协同公司各个部门,甚至需要协调每位员工。

在一些同事看来,配合工会工作简直就是浪费时间,他们只需要福利,认为工会只需逢年过节发发福利就好!至于什么文化、活动等,都不需要。

每年年末,各大公司都会组织年会。我们公司也不例外,我以此活动为例,说说工会工作中如何利用 DISC 赋能员工。

一台年会如何呈现方能让领导满意?如何才能照顾到各个年龄阶层的员工?如何体现每年的差异?能够争取到多少预算?找多少同事参与?是否需要外请专业人士?这些都需要纳入考虑。

接到筹办年会任务后,我首先调用 C 特质来敲定预算,预算决定年会的基调;再筹建"年会筹备组",选择筹备组的成员,这一步就要向上管理。用向上管理能力去征得各部门领导的支持,跟他们探讨各部门最适合担任"年会筹备组"成员的员工。公司各部门领导绝大部分都是 D 特质比较突出,与他们沟通的精髓是:讲重点、节约时间。

此外,我还要发动工会委员会中的 C 特质突出的同事,让他们去分析各个分支项目所需的具体预算、需要策划多少个节目、节目的呈现形式、需要多少人参与等。

组成"年会筹备组"后,需要选出筹备组中 I 特质突出的同事,让他们以最快的速度将"年会"的各种消息散布出去,制造话题,尽量让所有员工参与讨论。然后,发招募通知,招募主持人,招募演员,招募礼仪人员。

这些工作一旦都落实到位,年会筹建班子就搭建完成了!

接下来的重头戏就是筹备具体节目了。在只有大方向的前提下,难免会有分歧,如何让众人统一意见?就需要调用 I、S、D 特质,I 特质调节氛围,S 特质营造和谐的讨论环境,D 特质敲定最终节目。

之后就是排练节目,这个阶段需要时刻关注员工们的情绪,最好让 I 特质突出的成员负责察觉、照顾员工的情绪,比如时不时给大家点杯奶茶,或者给他们加个餐,或者晚上排练节目结束后,给他们发小礼品,让他们觉得,跟着做这个事情不但有奶茶喝,还很温暖、挺开心的。

可以让 D 特质突出的成员担任排练节目的小组长,适当放权。

针对 I 特质突出的成员天生性格活泼、比较外向的特点,适当地鼓励他们,比方说:"你这个节目表现得非常好,看同事们笑得多开心,气氛一下就带起来了,真好!"

S 特质突出的同事大部分非常渴望参加年会,但由于性格原因总是有些胆怯,针对这些,可以提前告诉筹备组成员,尤其是 I 特质突出的成员,让其多关注 S 特质突出的同事,鼓励他们,比如,告诉他们:"不用害怕,好多人都说你跳舞很厉害,你只管排练就好,出啥事有我兜着呢!"给他们安全感。

针对 C 特质突出的成员,请他们关注一些细节。比如,在排练时让他们看看节目有没有问题,告诉大家问题在哪里,怎样做更好。

人这一生,时间和机会都是有限的。如何抓住机遇、有效沟通?DISC 理论绝对值得一试,它帮助你迅速判断对方的行为风格,采取最有针对性的沟通方式,让沟通事半功倍!

第四章

平衡之道

祝凡迪

DISC+授权讲师A8毕业生
沟通表达教练
国家认证视觉笔记师
DISC认证讲师

扫码加好友

顺畅表达
——用DISC思维来学习图像表达

你是否困扰：

每天接收的信息、知识太多，看了很多书、听了很多课，依然很焦虑，总担心自己还没有看透彻、听明白、记全面；

想要向同事或客户讲解自己的想法和创意时，尽管已经说了很多细节，可是对方依旧一脸茫然，不知所云；

跟小伙伴交流时，因为大家对事物的叫法不一样，或者因语言不通而产生沟通不畅或者误解；

记忆一些枯燥乏味的概念、理论时，总要花费很长的时间，但效果并不令人满意等。

如果你还不知道如何解决这些问题，可是尝试一个很棒的方法——图像表达。

什么是图像表达

图像表达，即通过图像来表达和传递信息。

我们的大脑天生爱图像，人类大脑在接收信息时，50%是通过图像，30%是通过声音，最后剩下20%才是文字。由此看来，图像很容易被我们有点爱犯懒的大脑所喜爱和接受。

图像是一种表达的方式,不论是自己手绘的,还是别人的图片或者照片,都可以用来传递信息。正如当我们在浏览报纸、杂志的时候,即便我们不一字一句地阅读文字,通过查看里面的配图,我们也可以很轻松地理解一篇文章大概讲的什么内容。我们外出旅行时,总喜欢到处拍拍照、拍视频,美好而有趣的画面,能让我们的记忆更加深刻。

图像表达的传递介质

除了图片、视频外,现在学习圈里很流行的视觉笔记、思维导图、知识卡片、手账等都是图像表达的介质。它们之间又有什么区别呢?

视觉笔记

视觉笔记分为两类,一类是我们听完课或者看完书,自己整理出的笔记,这种笔记更能帮助我们内化吸收和建立自己的知识体系;另外一类是现场记录,例如现场讲座或发布会上,会场的某一个角落会有一位或几位记录人员现场记录,这种记录更多的是帮助他人理解和记忆当天现场的内容,记录者只会输出现场已有的内容,而没有其他延伸的部分。值得注意的一点是,视觉笔记中的所有图像部分一定要图文相符,图像在其中所起的作用达到80%以上。

思维导图

相较于视觉笔记,思维导图的逻辑更清晰,它的主要特点就是从一个个的主题中不断地衍生细节,帮助大家理清脉络,发现一些较为隐蔽的关联。思维导图中的图像作为辅助和点缀,也要求图文相符,图像在其中所起的作用达到70%。

知识卡片

知识卡片更像记忆卡,我们在阅读或学习的时候,看到某个很想记忆的知识点,就会用知识卡片把它记录下来,以便后期查找和整理。知识卡片里的图像的作用介于视觉笔记和思维导图之间,但是辅助作用要比思维导图更多一些,图像在其中所起的作用达到75%以上。

手账

这是来自日本的一种记录方式,多为工作日程记录和生活记录,在记录中添加的图像可以与记录中的文字不符,图像承担一定的装饰作用,图像在其中所起的作用大概为40%～50%。

图像表达的意义

提升记忆力

图像表达是如何帮我们提升记忆力的呢?我在前文提到人类大脑天生爱图像,有研究发现,大脑接受图像信息的能力是接受文字信息的能力的几十万倍。这也是人们越来越不喜欢阅读长篇文章,更倾向于看图片或者视频,短视频瞬间火爆全网的原因。

鲁迅先生所写的《故乡》,相信很多人已经不记得这篇文章的具体文字,但大部分人一提到这篇文章就能想起教科书里那张少年闰土的图片,当我们一看到那张图片,就能想起闰土这个人物形象,他的形象早已深深地烙在我们的脑海里,这也证明了图像更容易被记住。

当我们需要记忆某些单词、知识点、好句子、好文段的时候,我们可以借助图像来加深记忆。通过图像记住的内容在大脑里的印象更深刻。

减少沟通成本

在工作中,我们时常遇到开了半天的新品研发会,却依旧不知所云的情况。

这时候,如果我们手头有笔和纸,就可以根据关键词立刻找到或画出相应的图像,用图像帮助对方了解我们在说什么,从而大大减少沟通成本、提高工作效率。

提升思考力、创意力

我的学生跟我聊,说跟我学完课程,他不仅仅学到了一项实用技能,而且他考虑问题的角度和方式发生了转变——范围更广、思维更开阔了。在学习的过程中,他看到其他同学的作业,也会深受启发!其实他的感受也是我学习 DISC 理论后的感受,我想这也是为什么好多成年人一直坚持学习 DISC 理论的原因吧!

如何学习图像表达

一提到图像表达,很多人都会有压力,觉得自己不会画画、没学过画画甚至不敢画,学习不了图像表达。我想帮助大家走出这个误区。

什么是"画得好"

每个人天生都会画画，这是与生俱来的能力，那为什么有人画得好，有人画不好呢？

首先，我们一起来看看，到底什么是画得好？

在人们普遍的认知里，画得好就是画得像。两个小朋友各自画了个苹果，然后拿去给老师看，老师很容易根据画得像不像苹果来打分数，画得像，自然分数就高，分数低的小朋友一定会有挫败感，明明自己画得很认真仔细，为什么分数会比别人低？把画好的苹果拿回家，父母只看到了苹果像不像，而完全忽略了小朋友认真画苹果的过程，这何尝不是在打击小朋友的自信心？小朋友自信心受到打击，还会被扣上没天赋的帽子，又怎么还会对画画这件事产生兴趣呢？

画得像并不是画得好的唯一标准。

当我们说到图像表达时，画得好的标准更关乎线条是否流畅，图像跟文字的匹配程度以及是否有逻辑思维、创造能力。很多看过我作品的朋友都知道，我的画都是清晰明了的简笔画风格，大家很容易理解我想要传递的信息和想法。我认为这就是图像表达中的画得好的标准。

图像表达与美术作品的区别

图像表达的风格更偏向于简单，用到的工具也少于美术作品，哪怕只有一支笔、一张纸都能做出一份很完美的笔记。美术作品的风格多种多样了，可选择的多、可用的工具多、可钻研的技能也有很多。

清晰明了决定了绘制视觉笔记的时间要远远短于美术作品。一幅精美的美术作品需要精雕细琢，耗费的时间很长。而绘制图像表达所需要的视觉图片，所耗费的时间往往更短。视觉笔记中的绘画要求线条流畅、发挥创造力，凭借一些简单、基础的技巧就可以完成。

想要在图像表达中画得好有两个关键点：

放轻松。紧张地画和放松地画,完全是不一样的感受,当你轻松地去画时,自己不觉得画得辛苦,别人看你的作品也能从中感受到舒展、舒服的状态,这样更容易产生共鸣。没有人喜欢紧张、禁锢的感觉。

多观察。虽然图像表达不要求大家画得非常像,但是我们要学会抓住精髓和特征,这样别人一眼就能看明白你画的是什么。

用 DISC 的思维学习图像表达

与传统的线性笔记不同,视觉笔记特有的构图与排版丰富地展现了内容的逻辑,你会看到笔记中出现的序号、箭头以及色块布局都是为展示逻辑服务的。说到逻辑,大家第一个想到的是 D、I、S、C 中的哪种特质呢?

没错!就是 C 特质,大到结构框架,中到排版布局,小到细节处理,都会运用到 C 特质。但过度追求精美程度,会产生什么负面影响呢?可能因为一些小细节浪费太多时间。图像表达的重点除了图像化地传递信息,还要求简单明了且迅速地呈现,如果过分讲究细节完美,耗费大量时间、精力,时间久了,就很难坚持下去,不坚持,怎么能变得优秀呢?

我们再来看看 D 特质在图像表达中如何展现。笔记不是录音,只记录重点或者精华内容,发挥 D 特质把握重点再合适不过了。图像表达是快速输出,选定什么内容呈现需要发挥果断抉择的 D 特质。过度发挥 D 特质,只随自己喜好记录,很容易忽略观众的感受,使他们失去兴趣。

I 特质善于发散思维,能有效地拓展思维,I 特质喜欢五颜六色的搭配,不论是画面颜色搭配,还是画面构图安排,都能用到 I 特质。但过于注重呈现夸张和吸引人眼球的画面,忽略笔记当中的知识和逻辑,容易使观众抓不住要点,眼花缭乱。观众看完不知道你要表达什么,那就本末倒置了。

S 特质承担着查漏补缺的工作,虽然不抢眼,却是不可或缺的!

接下来我们再说说D、I、S、C四种特质突出的人士如何学习图像表达。

D特质目标明确,所以D特质突出的人士会迅速明确自己为什么要学习图像表达,以及具体深入哪个方向和领域。确定了目标和方向之后,D特质突出的人士会主动寻找各种能帮自己在最短的时间内高效达成目标的学习工具。

I特质影响力强,喜欢吸引别人的眼光,I特质突出的人士学习图像表达的一个重要原因就是图像表达能迅速抓住别人的眼球和注意力,所以他们一定会先从最能展示自己技能的方面入手,例如绘画的一些实用技巧、画面颜色的搭配,并立刻付诸实践。

S特质速度慢,相比表达,S特质突出的人士更关心学会图像表达,能为其他人提供哪些帮助。为了学习图像表达,他们需要了解各方面的信息,因为只有这样,才能为大家提供更全面的支持和帮助。为了学习图像表达他们会买来各种书籍、材料,以备不时之需。他们还会拉上一堆好朋友一起来学习,与大家共享学习的乐趣。

C特质追求完美,C特质突出的人士学习图像表达是因为意识到这项技能有用武之地。学习前,他们会做各种调查研究、做好万全的准备,不放过任何细节,力求完美。C特质突出的人士不打无准备之仗,喜欢独来独往,认为自己学得好就行了。

我与图像表达

我从小就喜欢写写画画,在接触图像表达之前,我的日常爱好就是画画。画画能帮我缓解压力、疗愈身心。

在国外上学的时候,我曾接触过视觉记录师,深受吸引,但当时相关的学习资料很少。毕业回国之后,发现图像表达在国内鲜为人知,我只能自学。我从英文笔记下手,我一直在一个英语学习APP上学习英文,因为自己有记手账的基础,做起来并不是很困难。我的学习笔记让 APP 平台上的很多小伙伴认识了我,好多小伙伴也因为对我的笔记印象深刻而记住我,这让我充分感受到了图像表达的另外一个优势——快速传播。

金庸先生去世时,APP 的新闻课老师连夜录制课程,我听完课程立刻就做了笔记,没想到被我的"男神"(APP 平台上我非常喜欢和崇拜的一位老师)看到,还在几百人的社群当众邀请我共事。虽然最终由于各种原因,我没能和"男神"一起共事,但是能得到自己崇拜的人的肯定,真是一件非常非常幸福的事情!现在,每每想起来,我都会忍不住嘴角上扬。

图像表达给我的工作和生活带来了很多改变。在工作中,我把图像的元素穿插进去,得到了同事和领导的认可和肯定。与同事交流更顺畅、更节省时间;向领导汇报工作,不仅增添了一丝趣味,领导也能很迅速了解我想要传递的信息。

我还利用图像表达为更多的人赋能。我成了国家认证的视觉笔记师/记录师、2019 年笔记侠官方认证年度人物,我组织了十余场线上、线下分享会,教授图像表达的相关课程。

图像表达不仅是我缓解压力、静心的好帮手,还帮我结交了很多小伙伴。图像表达是一个非常棒的支点,让我对自己、对生活有了全新的认识,还让我看到了更多的可能性。

图像表达与 DISC 理论

经过长期的研究和探索,结合自己实际学习的感受,我找到了图像表达与 DISC 理论的连接点。我的关注点在思维层面——思维的多元化。

在我的课程中有一个隐喻的练习环节,我会带着大家去绘制一些图像,然后请大家展开想象,想象这些图像可以表达哪些深层的含义。例如,画出灯泡,我们会想到照明、创意、希望、能量等等,大家会发现,哇,灯泡原来还可以表达这么多意思。

这个过程的第一步是先自己展开想象,第二步是引导别人想象。这样练习的好处是可以增加自己对图像表达元素、词汇的积累,从中感受到拓展思维的乐趣。

DISC 理论里有一个很核心和重要的观点:凡事都有四种解决方案,它背后的逻辑就是告诉我们,遇到问题不要慌张、不要钻牛角尖,打开自己的思维,用四种不同的特质去分析问题。我在练习图像表达的过程中,如果卡住了,想不到一个合适的图像画面或者一个词,那我就会尝试跳出来,或者爬高一点,调用各种特质,看看能收获什么新的灵感和想法,就像去做化学实验一样,充满未知的精彩和乐趣。

不论是图像表达还是 DISC 理论,都为我的人生添加了很多绚丽、有趣、精彩的内容,我因此找到了自己的价值所在以及人生的意义。

侯小希

DISC双证班F47期毕业生
国家认证生涯规划师
盖洛普认证优势教练
女性成长创业社群发起人

扫码加好友

女性生涯破局之路
—— 平衡点才是最高点

最近,不少人称赞我状态很好,闪闪发光,忍不住让人想靠近。

我想,是因为我越来越明白自己想要过什么样的人生,慢慢活成了自己喜欢的样子。

别人看你和你看自己其实是相反的过程,别人看到的往往首先是你的结果,例如,哇,你好强啊,一个月业绩四五十万!哇,你成了国家认证生涯规划师,已经给200多人做过生涯咨询!哇,你又拿了个潜水证,看了你拍的美人鱼潜水视频,太美了!哇,你又去哪里旅行了?你坐在热气球上好开心啊!你瘦了,看起来又"逆生长"了!

而你感受自己,却是个从内而外的过程。只有自己知道,走过这段路,花了多长时间。

看到自己的困局

五年前的我,也有过一段看不到光的日子。让一个人发生改变,我觉得最重要的因素有两个:

一个是思维被启发的瞬间,另一个是很长的时间。

回望过去，我的改变都是从什么时候开始的？始于五年前，三十而立，是人生的分界线。

2016年，我休完产假，回公司上班，忽然就觉得哪里都不对劲。虽然工作还是那份工作，我却再也没有办法安心地工作。白天工作的时候想娃，在家的时候又觉得自己什么都做不好，特别沮丧。

我感觉生活不受掌控，职位上不去又不敢跳槽，难道就一直这样待在国企等退休了吗？难道生活就没有其他可能了吗？

还好，在那个节骨眼上，我果断地报了一个生涯规划的课程。学习了生涯规划之后，我很快知道了自己的问题出在哪里，我多了一个重要的身份——母亲，人生角色的天平一下失衡了，需要慢慢恢复平衡。

人们说生孩子是一个女人的二次成长，在孩子身上能看到自己的内心。有了孩子，我希望自己未来能成为孩子的榜样，那个心中理想的自我升级了，可现实中的自己能力不够。我学习了生涯规划，像是打开了通往真实自我的大门，找到了正确的自我成长的方式。

在那之后，我付费参加了很多课程，包括DISC双证班、效能教练、理财私房课、盖洛普全球优势教练课、咨询师实战班、咨询督导课，还有职业讲师版权课等。课程形式除了面授，还有很多在线的。

算下来，我在学习上的投入确实挺大的，你要问我值不值的话，我想对于普通人来说，学习是人生的杠杆，是普通人突破自我认知、突破限制的最快的方法。

在2017年，我在在行平台申请的行家身份很快通过了，开始有人付费约我进行生涯咨询。2017—2018年，我给200多名来询者做了生涯咨询。我发现，原来和我一样，在而立之年遇到生涯困局的女性真的不是少数。

我想，我是不是可以通过写作的方式，让更多的女性找到生涯破局的入口。

我的咨询督导说过，咨询是性价比最高的自我成长方式。每一次咨询就像一面镜子，我给来询者反馈我看到的，我也会从他们身上看到自己的影子。

在一次又一次的讲解中，我把自己讲明白了，知道自己要什么了，活出了自己喜欢的样子。快乐赚钱，用心生活，体验人生。

什么样的人生是你想要的？

和大多数人一样，当年的我既想要摆脱困局，又害怕突然踏出舒适圈的不安全感，所以我选择了用副业来平稳过渡。经过几年的打磨，我成了很多人羡慕的"斜杠青年"、副业达人。现在副业也变成了"复业"，收入已经是主业的好几倍。

在这些年不断的学习、实践、反思中，我知道了自己未来想要的人生是什么样的：

（1）我需要给自己打造获得被动收入的渠道，让我可以有更多时间去体验人生。

（2）我的工作不需要频繁出差，我有空陪伴孩子和家人。

（3）我的工作可以帮助更多的人解决问题，为他人提供价值。

（4）我的工作可以让我接触到更好的圈子，不断成长。

总结成两个字就是：平衡。

用 DISC 思维破局，追求平衡人生

每个人想要的人生是不一样的，也许你现在还不是很清楚自己想要的究竟是什么，那么，可以根据以下的思考框架来看看，在你的理想人生天平里，有哪些维度是你想要放在天平上的。

借由 DISC 理论，我们可以划分出人生的八大维度：

D——工作、金钱观。

I——圈子、体验。

S——家庭、健康。

C——心灵、学习。

工作

稻盛和夫说:"工作的最高境界就是把工作当修行。"

在多年前,我看不懂稻盛和夫的这句话,但是现在懂了。从毕业到现在,我做过很多不同的工作。

我毕业后的第一份职业是在一家日企的广告部做品牌公关,那时,我每周都去幼儿园跟小朋友玩,考核指标就是每年去了几所幼儿园、送了多少瓶乳酸菌饮品出去、给孩子们讲了多少遍乳酸菌的故事。

我的第二份职业是做淘宝店主。这是一份自由职业,我体验了自由自在、睡到自然醒的生活,也体验了一个人活成一个团队,拿货、拍照、做模特、写文案、P图、销售、打包、发货等工作全包,我的很多能力都是在那会儿练出来的。

我的第三份职业是做公关咨询。我体验了电话营销和酒桌饭局,只干了三个月就离职了,因为我无法忍受喝酒应酬的工作。

我的第四份职业是国企HR,负责薪酬发放,天天担心自己有没有算错别人的工资。

我的第五份职业是培训管理,这是我坚持至今的职业。我很喜欢培训这项工作,有很多学习的机会,能够接触到很多前沿的信息。

我的第六份职业是职业讲师,我以前觉得讲师是个自带光环、收入又高的职业,后来发现讲师其实是个体力活。

我的第七份职业是咨询师,在点亮别人的同时给自己赋能,这项工作我也很喜欢,咨询是性价比最高的自我成长方式。

我的第八份职业是做微商,这是另一种人生体验的开始,体验人性、体验不舒服、体验自我突破、体验开放地接触不同人、体验快速学习,太多了。这是一个很有意思的职业,也是一份很有想象空间的职业,因为它上不封顶。

每一份工作其实都像升级打怪,对个人的综合素质的要求一份比一份高。需要在工作的过程中,不断地提升自己的综合能力。

对于女性来说,工作其实可以提供非常强大的安全感。工作能让你温饱、衣食无忧,你如何对待它,它就会如何回馈你。你随意对待工作,工作就只能让你保持温饱;若你付出不亚于任何人的努力,把你的工作当成事业来对待,你就能衣食无忧,甚至开创一片自己的天地。

去找自己喜欢的工作,如果暂时没有找到,那就让自己喜欢上自己的工作,然后努力过渡。

工作没有高低贵贱,你对待工作的态度,将会实实在在地影响你的人格和气质。当你把一件小事做到极致,平凡的你将变得不平凡。只要认真对待,它就是你的修行所在。

金钱观

你和金钱的关系体现在人生的方方面面,只要你活着,都离不开钱。金钱本身并没有好坏,它生来只是个交换工具,只是我们从小的生活环境、生活方式和父母对金钱的诠释,影响了我们的金钱观。最典型的是匮乏心理。我在过去的自己身上也看到了这点:每天觉得我没睡够;睡醒又觉得我的时间不够;想达成某个工作目标,觉得我的权限不够;想做某件事时,觉得我的钱不够。

不够聪明、不够优秀、不够漂亮、不够富有……不够,这个想法总是自动出现在我的脑海里,我甚至从未真正去考虑或检验其真实性。

不够,本来仅仅是对忙碌生活或匮乏生活的简单描述,但它会渐渐变成不得志的理由,成了我们不能得到想要的生活或者不能成为我们想成为的人的借口,成为我们无法完成预期目标、无法实现梦想的托词。即便我们已经拥有了财富,甚至得到了自己想要的一切,我们在潜意识里依然认为自己是匮乏的。

匮乏其实是一个谎言,它与各种资源的实际数量并无任何干系,只是未经权衡、错误虚妄的假定而已,其出发点是,我们生活在一个愿望随时可能落空的世界。

关于充足与否的焦虑只是基于某种假定,而不是来自于我们的真实体验。当我们正视了金钱,我们拥有了选择的权利,可以选择是否深陷其中,是否任其主宰我们的人生。

如果你不再去努力获取自己并不真正需要的东西,就会释放出无穷的能量,帮助你借由已拥有的一切来创造不同。一旦你运用既有的一切来创造不同,你就会拥有更多。

过去这两年,我一直带我团队的小伙伴一起写读书笔记,刚开始写的时候,大家都觉得很难,因为我们的读书笔记要求真正地审视自己的内心世界,向内去挖掘自己的过去,回顾自己在成长之路上碰到的障碍以及对金钱的恐惧。

一旦在金钱方面的决定更加符合我们的核心价值与人生目标,我们就会立刻经历戏剧性的转变。这些转变不仅体现在我们如何运用金钱上,也体现在我们对金钱、对人生、对自己的感受上。我们开始认知、了解自己。金钱已逐渐成为一种彰显愿望和使命感的工具。

圈子

离你最近的五个人的平均水平就是你的水平。

如果你发现身边的朋友都无法理解你的时候,证明你需要升级你的圈子了。

有个关于穷人圈子和富人圈子的公式:

穷人公式:因为没有钱—所以啥都不做—没有赚钱的机会—继续没有钱—继续啥都不做—继续没有赚到钱—永远不会有钱(恶性循环)

富人公式:因为没钱—想办法也要找机会往上爬—心态端正地寻找赚钱的机会—开始有钱—交对自己有帮助的朋友—越来越有钱(良性循环)

我记得我最开始上生涯规划课程的时候,同学打趣我说,你是国企来的呀,国企自己付费来上课的人很少哦。我才发现,原来在外面人看来,国企就像个老旧的不升级的系统,大家都过着安逸的生活。

确实也是,在国企,公司每年花高价请老师来讲课,很多人都是爱听不听,更别说是自费去学习了。我不喜欢聊八卦,所以我也不喜欢和工作圈子里的人瞎聊,反而在学习的圈子里,我开启了思维迭代的三级跳。每跳一个圈子,都会看到更高势能的人;每跳一个圈子,自己的圈子也会进行一次"换血"。

在生涯规划的圈子里,我开启了自我认知和规划的大门;在DISC的圈子里,我结识了一大群上进、爱学习的朋友;在微商的圈子里,我开始更新迭代自己的金钱观,学会了用打造自我品牌的方式,开启知识变现之路。

体验

先踏上走廊,否则你永远不知道什么门会向你打开。

我是一个"好奇宝宝",有趣新鲜的事物对我有着巨大的吸引力,而且好奇心并没有因为长大而消失。

就像看到海洋馆里的美人鱼,我会想海底的世界应该很美吧?我能自己去看看海底的世界吗?所以我学会了潜水。

就像看到别人做自由职业者,我会想睡到自然醒的日子好像很爽,我能自己尝试一下吗?所以毕业两年后,我开了两家淘宝店,做了两年自由职业者。

就像学完了现金流知识,我发现财富自由是需要不断给自己争取被动收入,才能实现带娃到处玩而不用发愁没有收入。于是我尝试做微商,并且一年就做到了董事。

生活就是个巧克力盒子,现在的我,更加愿意全然接受生命的各种可能性。人生是个大游乐场,我要在里面尽情地体验各种有趣的游戏。

我所理解的成功,不在于拥有多少财富,而在于这些财富能在多大程度上帮助自己掌握人生,以及可以得到多少丰盛的体验。

使金钱流向自己关心的事情,你的生命也会因此而熠熠发光,这也是我这些年理解的金钱的意义。

家庭

人总是从低的一端开始往高处走,每走一步,下一步就变得更困难了。当你以为自己越来越高的时候,其实你就已经开始走下坡路,你永远无法走到你眼里的最高点。

人生在什么时候会出现平衡问题呢?发现了吗?天平的另一端往往是家庭。因为家庭,你会多一些身份,除了你自己,你还是别人的孩子、别人的另一半、别人的父母,所以当你在实现自己人生梦想的时候,你在很多时候得考虑如何兼顾更多的身份。也正因为家庭这一个因素,让我开启了微商之路。

从 2016 年开始,我就不断地给自己寻找更多的收入渠道,我成了在行的行家,在两年内接了 200 多个咨询,很长一段时间里我曾经是在行广州约见量排名第一的咨询师。但是,像我这样仅仅用业余时间去做咨询的话,一个月的收入满打满算 5 位数吧。

我还认证了版权课,成了某知名培训公司的签约商业讲师。最开始,我觉得商业讲师是一个不错的职业,因为收入很高。像我自己作为甲方,每次请老师都要付几万块钱,可是当我亲自去做这个职业的时候,我才发现,原来新入行的讲师一天的课酬真的没多少。而且,现在对讲师需求比较大的都是一些三四线的城市,我用周末时间去讲了一段时间的课后,就受不了了!因为几乎每次讲一天课,我就得花去三天时间。如果我想要赚到我现在的这个年收入的话,那我一年的课量至少要在 100 天以上,100 天是什么概念呢?就是我一年有 2/3 以上的时间都在出差,那对于我这样要陪伴小孩子的妈妈来说,是不现实的,因为我将根本没时间陪孩子和照顾家庭。

所以,在我看来,这些都不是很好的副业。

我定义的好的副业,是能够在未来,假如这份工作我不做了或者是出了什么意外做不了了,我的生活不至于突然间一落千丈,我可以随时切换到我的第二职业。在此之前,这份副业必须是能够用业余时间就可以做的,而且不需要频繁出差,便于我照顾孩子。

后来,我学习了财商课程后,对副业又有了更深的理解。

无论是上班还是自由职业,其实都是出卖时间、换取酬劳。手停口停,我永远也无法实现财富自由、时间自由。如果我要实现财富自由,我就必须要有被动收入!那就是我必须要创业,我需要创立一个能帮我赚钱的系统。

我开始筛选能获得被动收入的项目。当时,我尝试过美乐家,了解过保险代理,还了解过开实体花店、咖啡店、早教馆等等,最后,我把目光放到了私域社交电商,也就是微商上。可以说,这是一种轻创业模式,因为投入很少,没有人工、水电等成本。

微商可以满足我对副业的所有要求,不仅收入高,而且时间很自由,我可以在任何地方上班,我可以一边陪伴孩子,一边工作。直至今天,我依然觉得,微商是很适合妈妈们的职业。

健康

健康是幸福生活最重要的指标。

人生就像一串数字,健康是1,金钱、地位、事业、爱情、家庭……是后面的0,如果没有了这个1,后面有再多0,也没有意义。人的一生中,会收获许多难能可贵的东西,如知识、情感、荣誉、财富、伴侣……但只有拥有一个健康的体魄,我们才能尽情追求和享受这一切。

我这几年做的跟大健康相关的产业,让我对健康有了更深刻的认识。什么是健康的生活方式呢?概括起来就是:饮食有节、动静结合。

合理膳食是健康的基础。现代人生活节奏快,饮食不规律、喜欢重口味、节食减肥等不健康的饮食习惯正在危害着人们的健康,除了容易引起肠胃不适,还容易增加失眠、高血压、高血脂等健康风险。

饮食是我们日常生活的重要组成部分,饮食健康是我们身体健康的基础。做到饮食有节,推荐大家4招:

(1)结构合理:蛋白质+蔬菜+优质主食。每天摄入的食物种类要尽量均衡,这三种营养物质都要有。很多人对营养均衡是没有概念的,可能会摄入过多的主食,从而导致各种身体问题。

(2)按时进食:每天要按时吃饭,尽量少吃夜宵,选择合适的就餐环境,避免边走边吃或狼吞虎咽。

(3)饮食有度:不要因为贪嘴而胡吃海喝,也不要为了减肥而饿着肚子。每顿饭不宜过饥,也不能过饱,保持七分饱左右比较合适。

(4)清淡控油:过量的油、糖和盐已被公认为"健康杀手"。每人每天摄入的盐量不要超过5克。烹调方式尽量选择蒸、炖、煮,少吃煎炸和高糖分食物,选购加工食品时,要学会看成分表,小心含反式脂肪和高糖、高钠的食品。

此外,充足的睡眠非常重要,工作、学习、娱乐、休息都要按作息规律进行。成年人每天要保证7～8小时的睡眠,最好在晚上11点前睡觉,因为11点到凌晨1点是内脏自我修复的时间。为了保证睡眠质量,睡前尽量不要玩手机、吃夜宵,保持睡眠环境的安静和空气流通。午间可以进行20分钟的午休。

俗话说:"生命在于运动。"坚持运动能改善身体的调节能力、加快新陈代谢、增强免疫力。同时,运动还会刺激肾上腺素的增加,所以那些运动较多的人记忆力尤其突出,思维也更加活跃。

心灵

人生是一场灵魂的自我探索过程。

如果你对现在的自己不满意,那一定是你的内心有一个潜在的更好的自己,这就是你的理想自我。

我们每个人都希望变得比现在更好、更强大、更美丽、更自信,我们心里住着一个完美的自己。每个人对生活和工作不满意的背后,都是每个人成长的需求。这些因为渴望成长而产生的空洞,我们叫它"成长空洞"。

你也许体会过,长期无法填满空洞,心里会空荡荡的,从而产生空虚、厌倦、无价值的情绪。王小波说,所有痛苦的本质都是对自己无能的痛恨。人生就是一个不断发现空洞、填满空洞的过程。而每个人的真实自我都不同,所以空洞也不同,一个从小生活在缺爱家庭里的孩子,心中关于安全和稳定的洞就会很大,需要花很多时间来填满;一个有美好童年的孩子填满该空洞的过程,会比一个单亲家庭的孩子要快很多。

学习

成长最主要的两种方式:教训和教育。

不管你愿不愿意,在某个时候,你一定会成长。如果是用教训的方式,你可能会觉得很痛,当你被现实撕成一片一片,再自己把它们拼回去的时候,你就成长了。

回想这些年,我虽然做了很多职业探索,但真的掉坑里的比较少,我觉得这跟我比较喜欢学习而且善于总结方法有关系。

在进入每个新领域的时候，我都会先去了解这个领域到底是做什么的、它的行业价值链是什么样的、需要具备哪些知识和能力。然后，通过阅读、上课、找有经验的人请教等方式，我快速摸清做好一个职业的关键点、用什么方法能快速出成果。

每一次我想要快速熟悉一个新领域，我都会先去报班学习。回想这些年学过的课程，还真不少。

学习不但可以拓宽你的知识面、提升思维水平，还可以见识更广的世界、获得高质量的人脉、靠近一个行业最有影响力的核心人物。我现在很多合作的伙伴都是在那几年付费学习时认识的。

重新定义你想要的人生

幸福是一个综合指标，由什么组成，你可以自己决定。

生活的长板是幸福的增长点,但短板往往是不幸的根源。即使事业再成功,也不能忽视家庭,即使赚再多的钱,也不能忽视健康和心灵。有人觉得要在工作上付出时间,就势必无法承担相应的家庭责任;有人觉得为了赚到更多的钱,就一定要牺牲掉自己的兴趣爱好。其实不然,你首先需要了解的就是,哪些东西是你需要放到你的天平上的。因为,生命的本质都是一样的,那就是能量的流动。

生命能量掌控得很好的人,不仅在事业上有良好的表现,在人际关系上通常也不会太糟糕,所以整体的幸福感会更高。一个真正能跟自己和谐相处的人,通常也能跟这个世界保持良好的关系。而那些在某一方面有很大困扰的人,即使在其他方面的表现看起来很好,但生活中也一定隐藏着某些或明或暗的危机。比如,罔顾健康的工作狂往往会因为身体被拖垮而无法再在工作上展现自己突出的能力,放弃自我的顺从者终究会因为内心的不满,最后达不到所有人的期望。

任何事物都存在两种状态:一种是理想的,一种是现实的。

只看得到理想状态的人,基本都活在梦里,所以很容易对现实的一切都感到不满意,因为事物的现实状态是不可能比得上理想状态的。

只看得到现实状态的人,大多都过得消极而无趣,他们可能孜孜不倦,可能务实可靠,甚至可能功成名就,但不大可能伟大。因为所有的伟大都一定跟突破和创新有关,看不到理想状态的人无法做到。

能够同时看到这两种状态,就拥有了进步的空间,拥有像魔法师一样点石成金的能力。

所以,大家可以针对以上八大维度写下自己的理想状态和现实状态,看看自己对平衡的定义是什么样子的,然后慢慢向着自己的理想生活靠拢,找到人生的制高点。

周燕

DISC双证班F37期毕业生
教练型教师
广东省信息技术学科带头人
深圳市教育科研骨干教师

扫码加好友

DISC创新教学
——培养核心能力的项目式学习

我是一名有着20年执教经验的教师,一直活跃在创新教育领域,已带领超过2000名学生参与各级、各类的科创活动。我也是一名赋能教练、两个孩子的妈妈、和孩子们共同成长的终身学习者。

古希腊哲学家和教育家苏格拉底说:"教育不是灌输,而是点燃火焰。"我们在教书育人的时候也一样,我们必须点燃学生对学习的热情,引导学生思考,启发学生学习。

从2019年开始接触项目式学习,我就深深地喜欢上这种学习模式。从2020年开始,我尝试带领家长在家庭中践行家庭项目式学习,在福田区的首次家庭项目式活动中,我和学生们取得了优异成绩。在一次时间管理项目式学习结束后,我收到了家长们的反馈:

我觉得这次项目式学习,对孩子未来的成长意义非常大,不仅仅是学知识,更加重要的是,能让孩子主动探究未知的知识领域,激发他的学习热情和兴趣,培养孩子的自主学习能力和综合协调能力,这是孩子们在未来必须具备的能力之一。

——宋栩睿家长

项目式学习这种方式特别好,更接近我们自己平时工作中的做项目,定目标、定计划、分解工作,最后达成目标,老师每一步的引导特别好,孩子在对项目式学习还有些懵懂的时候能有效推进,完成项目后能在总结过程中领悟每一步的意义,锻炼了孩子的主动性,让孩子自己看到坚持的意义,看到自己的进步。

——游宇翔妈妈

整个过程真正触动他的是成果展示的那个晚上,看到别的小朋友的作品他蛮羡慕,我给他讲:"每个孩子都有他自身的优点,我们做的别人也不一定有,说不定别人还羡慕你的字、你有机会养猫呢,我们要把自己拥有的能力发挥到极致。"后来老师给机会展示,他也特别激动,展示完成后跑过来抱着我说:"妈妈我好激动!"展示之前他在家主动练了几遍。这次对他来说是一次不一样的经历,从不配合到主动参与,从胆怯不自信到信心满满,最后他说这么简单,如果老师下次再开这种课他还要参与!

——史峻麟妈妈

非常感谢周老师为孩子们设立时间管理这个学习项目。这个项目引导孩子们思索时间,参与管理自己的时间,逐步教育孩子学会用适合自己的方法管理时间,同时让孩子将节省出来的时间合理利用,丰富自己的学习与生活,培养孩子们的团队意识。虽然只是一个月左右的时间,但是切切实实培养了孩子独立管理时间、解决问题的能力,引导他逐步建立良好的时间观念和珍惜时间的好习惯!我想,这一点就足以让孩子受益无穷!

——刘曈萦妈妈

项目式学习与学习力

项目式学习是一种系统的教学方法,通过干预和拓展学生探究过程,针对复杂、真实的问题,精心设计产品(学习成果)和学习任务,让学生从中学习重要知识和21世纪技能。

——巴克学院

在当今学生应具备的技能中,最为核心的有四项能力,即批判性思维能力、沟通能力、协作能力、创造与创新。

批判性思维能力:分析、评估和了解各类复杂系统,探索无明确答案的开放问题,判断各种不同观点及评估相关信息,有理有据地得出结论,运用结论解决实际问题。

沟通能力:熟练运用"面对面"沟通和多媒体沟通手段完成各项任务,学会收集数据和其他研究内容并利用各类媒介进行有效传播,对科学技术熟稔于心,懂得如何筛选和正确运用媒体。

协作能力:在高效、平等互助的合作基础上达成目标、解决问题,明晰项目责任到个人,团队利益高于个人利益,拧成一股绳以实现目标最大化。

创造力与创新力:激发和完善想法,有创意地合作,通过假设和分析,结合各种学习方法得出并运用结论解决问题,完成任务。

美国国家科学工程与医学研究院在《人是如何学习的:大脑,心灵,经验和学校》中提到:项目式学习只在人们真的通过这种方式学习的时候才能取得成功。

巴克学院通过多年研究，总结了项目设计核心要素：

具有挑战性的问题(驱动性问题)。问题应该具有一定的挑战性，是开放式的并且能够激发学生兴趣，又不能难到让学生望而却步。

持续探究。项目式学习的过程中，学生针对提出的问题，查找、整合和使用信息。调查探究不仅是简单地从书本上或是网站上查找信息，学生可以采访专家、开展实地考察或实验。

真实性。项目基于真实生活，使用真实的工具，采用真实的步骤及质量标准，产生现实的意义。若项目能真实地表达学生个人的兴趣爱好或生活中关心的问题，也会为项目的真实性加分。

学生的发言权和选择权。学生必须决定如何发表评价，包括做什么和怎么做。学生在项目进行的过程中要勇于发表自己的看法并做出决定。这一要求能够对学生的学习积极性产生影响。允许学生在教师的指导下，基于他们的年龄和项目经验，做出与他们的作品、研究方法、时间安排等相关的选择。

学生拥有的发言权和决策权越大，项目效果会越好。我们的目标是培养主观能动性强的学生，培养他们在生活中解决问题的能力，为他们在未来生活中做出重大决策进行演练。

反思。学生和老师在项目过程中需要针对各个环节进行反思，如学习的知识和技能、项目成果的质量、项目中遇到的问题及解决方案等。

反思是学生衡量问题解决策略是否有效的方法之一。学生利用反馈来思考怎样改进，以获得高质量的项目结果。

评价与修改。学生们需要提出及接受意见和建议，并知道如何基于反馈来改进、完善他们的方案。学生可以从老师、其他成人(如专家或家长)以及同伴处得到反馈，并有机会进行修改和完善。

成果公开展示。学生需要向同学、老师以外的公众阐释、展示或者呈现他们的项目成果，这能够激发学生的参与度。学生能通过展示意识到自己工作的价值，尤其当作品受到同伴、老师和其他专家的好评时，会更有动力。

如何开启项目式学习

我认为项目式学习可以和 DISC 理论进行融合,D、I、C、S 四种行为特质可以与项目式学习的各个环节有机结合。

D 特质——项目规划

项目式学习的规划,要以终为始明确目标与项目成果。

首先,要明确项目式学习的知识目标和素养目标。确定学习的目的、用什么方法推进,并在脑海里形成清晰的构思。

其次,选择和设计项目。我们要用批判性思维去审查项目。在选择项目的时候,我们要注意项目式学习强调让学生围绕真实而有意义的驱动性问题展开的一系列探究活动。驱动性问题是基于项目主题和课程标准设计的关键性问题。项目设计的一般步骤:考虑项目内容—产生思路—搭建框架。

再次,找到评估标准。传统教学评价的目的在于测评学生是否学会了测评范围内的知识,项目式学习评价"重过程、重方法、重体验、重规律、重创新"。项目式学习是个性化的学习,所以多用过程性、多元化评价方式。

最后,明确项目成果。项目作品要设置一定的难度,既能帮助学生学习新的知识,又能帮助学生应用以往的旧知识,同时还锻炼学生通过团队协作获取知识的能力。

I 特质——项目实践

项目启动要想办法激发学生的兴趣,了解学生已经掌握的内容和关注的事物,教授学生必要的概念或者技能。

接下来,老师要带领学生对项目进行分解,并给予学生完成任务需要的工具。

项目分解可以利用甘特图、泡泡图、流程图等。工具可以是表格、汇报清单、时间进度表等。

最后,展示项目成果。这是整个项目式学习的重要环节之一,所以要投入足够的时间和精力。项目的成果可以是多种多样的,如现场或网络宣讲、平台发文、视频或音频等。学生要学习如何与观众互动,和小组成员讨论观众的群体画像以及可能会被问到的问题,并思考答案,学生可以准备一些知识卡片。在展示之前,老师可以指导学生进行彩排,鼓励学生大胆发言。最后,老师要为学生创造展示机会,帮助他们向同伴、小组、全班甚至是面向社区展示,帮助孩子提高自信心和表达能力。

C 特质——项目管理

好的项目需要有管理,项目管理包括创建项目日程表、合理安排资源等。

首先,要明确教师的角色,形成课堂探究文化。在项目式学习中,老师更像教练,要放弃对课堂和学生的控制,让学生做出选择并提出自己的问题、创建作品。老师教导学生所需要的学科知识和技能,引导学生完成项目规划。

其次,支持协作并管理学生团队。学生团队组建完毕后,老师要督促项目的进程,必要时进行干预,以确保项目不偏离正确的轨道。老师可以通过讨论帮助学生了解什么是有效合作,然后给学生提供工具,比如合约、工作分工表、规划表等。

最后,项目过程中给予学生指导。老师可通过提问、讨论等培养学生的批判性思维和解决问题的能力,通过设计评估标准并设定节点,确保学生及时完成学习任务。

S 特质——项目复盘

经过漫长的、兴奋的、富有挑战性而有收获的项目体验后,老师要带领学生做项目复盘。

首先,庆祝成功。可以提出表扬,让学生为他们的成就感到骄傲。

其次,指导学生反思。可以采用日记、调查问卷等方式,让他们总结学习成果,并思考可以改进的地方。用四项能力作为评判标准：

批判性思维——在学习中遇到了什么问题？你是如何解决的？

协作——你如何为团队工作？你的团队成员和你自己擅长什么？你是否完成了任务？

沟通——你和团队成员在哪些方面进行了沟通？有什么可以改进的地方？

创造与创新——解决问题的过程中，有哪些方法是你以前没有用到过的？

最后，规划再次教学。老师通过数据分析和学生的复盘，进一步总结和完善学习，为下次学习做准备。

案例：通过时间管理，我实现了……

本案例由小学五年级学生实行，获得省创新大赛综合实践项目二等奖、全国START项目式学习案例评比一等奖。

项目简介

通过时间金币等故事，让学生了解时间管理的意义；通过KWL表格比较不同的时间管理方式，找到适合自己的时间管理方法；通过自主设计完成21天的时间管理计划，进行自己感兴趣的事情，通过小组合作最终展示成果，分享时间管理给自己带来的收获和启示。同时，通过这个活动了解如何进行目标分解，如何进行团队分工，如何进行项目推进。

学习目标

学生将知道时间管理的各种方法、时间管理的心法。

学生将理解时间管理的原因和意义。

学生将给任务分类,制作目标任务表和任务完成表,记录、分析自己的时间使用,评估与总结自己的时间管理,调整计划、更好地管理时间。

素养目标

通过小组合作完成项目任务,完成展示成果,培养团队沟通交流与团队协作能力;通过思维导图来对比分析不同时间管理方式的优缺点,选择适合自己的方式以培养批判性思维;通过设计电子书封面和设计成果,展示、培养创造能力;通过拓展联想名人的时间管理故事及金句以培养文化理解与传承能力。

驱动问题

如何自主进行时间管理?时间管理好后,我们可以做什么?

时间管理的意义是什么?对我来说,如何使时间更高效?找到的时间金币,我要用来做什么?如何把这个目标分解成一个21天的任务?

学习任务

通过网络学习,提高资料检索能力。

通过调查分析,提高思辨能力。

通过小组讨论,提高合作能力。

通过设计和执行21天计划,提高自律能力。

通过展示,提高沟通表达能力。

任务名称	活动目标	活动内容	实施要求	时间安排	预期成果形式
项目缘起和团员招募	明确项目的由来	1. 时间管理调查 2. 招募团队成员	充分尊重学生的个人意愿，争取家长支持	一周	1. 学生分组做21天时间管理成果汇报 2. 学生将过程中的学习资料汇集成电子书 3. 学生的成果集
项目构思和计划	确定核心驱动问题以及成果目标	1. 明确管理时间的原因 2. 时间管理方式调查 3. 制定我的时间管理计划	学生自主探究，家长具体支持和鼓励指导	两周	
项目执行	完成个人或小组的目标	1. 项目分组和任务分工 2. 设计我的电子书封面 3. 任务进度复核	学生根据自己的目标进行分组，及时复核进度	三周	
项目展示	完成公众展示	1. 项目展示策划 2. 项目成果展示	线上展示	一周	
反思评价	学生个体和团队的反思	1. 教师复盘 2. 学生复盘 3. 家长复盘	学生按复盘文档复盘	一周	
整理成果	物化成果	1. 梳理资料 2. 形成成果	学生学习整理资料		

评价设计

评价目标	评价类型	评价方法与工具	评价者
核心知识	过程性评价	表现性任务	老师
学习实践	过程性评价	任务清单、检核清单	家长、团队成员
学习过程中的成果	过程性评价	KWL 表格、21 天计划表	学生自己、老师
最终学习成果	总结性评价	汇报与电子书	学生自己、老师、专家

成果展示（视频部分）

深圳市福田区东海实验小学
何俊霖解说自制计时器

深圳市福田区东海实验小学
刘奕铖解说自制计时器

深圳市福田区东海实验小学
李昱萱组时间管理汇报

深圳市福田区东海实验小学
游宇翔21天练琴成果展示

成果展示（电子书部分）

深圳市福田区东海实验小学
时间管理电子书（刘奕铖）

深圳市福田区东海实验小学
时间管理电子书（游宇翔）

复盘：回顾和展望

在这次的项目式学习中,你觉得哪些部分你做得比较好？在整个过程中,你遇到了什么困难？(可以分点写)你都尝试了什么方法来解决呢？最后的结果是什么呢？(可以用图文形式,包括个人和团队)在这个过程中你的感受是什么？你又有

什么发现呢？（包括个人和团队）如果下次再进行项目式学习的话，你会做什么改进？（包括个人和团队）

学生复盘部分摘录

张庭恺：我的感受是"团结才是力量"，不能单干。通过这次项目式学习，我更加了解时间，在交流的过程中知道了别人的时间管理方法，也知道了应该如何高效利用时间。

史峻麟：通过这个过程，我感觉自己勤快了好多，从刚开始需要妈妈提醒，到现在慢慢养成一种习惯，有一种动力每天推着我前行。我发现我可以成为更好的自己，能合理管理时间。我的学习和生活会向更好的方向发展。

徐晨智：我认为做时间规划的可行性要强，要适合自己，给自己大脑加装一个定时器，节省出来的时间，既可以学习和做些自己感兴趣的事情，还可以用来娱乐，收获快乐。我深刻感受到做好时间管理真的很重要！时间管理＋设计技巧＋态度＝时间、财富和快乐。

刘奕铖：不要以没时间为借口，时间管理得好，时间就够用，想干的事都能干成；付出与收获成正比，从成果展示汇报的时候就能看出来用心和努力的程度；未来我在时间管理方面还要多改进，行动力要提升；团队工作中，也要增强主动性。

项目成效

整个项目以尊重孩子、家长为前提，通过模型和清单帮助孩子们梳理了自己的目标，了解了时间管理的意义和方法，激发了孩子的自主性，提高了孩子们自律能力。这是做得好的地方。

还需要加强的是孩子们的分组建设和目标分解能力。因为没有进行跨班的线下指导，都是网上进行的，所以孩子们开始执行的时候，有部分目标设定不够清晰，导致完成难度增加。

改进建议

在目标分解时,进一步指导;在小组分组时,多给些时间,让大家了解项目;在任务的设定上,要增加一点挑战性。

项目学习中使用的部分工具

在项目式学习中,学生们一开始并不能有效合作,所以组建协作能力强的学生团队是很必要的。提供工具能支持学生们提高协作技能。在案例中,我运用了很多工具,比如 KWL 表格、团队工作计划、项目进度计划、成果展示计划等。

接纳、鼓励,父母支持孩子参与项目式学习的好方式

时间管理项目式学习,受到非常多家长的欢迎。因为孩子时间管理好了,就能自觉完成作业,高效学习,亲子关系往往也能得到改善。

并不是所有的孩子都坚持到了最后,也不是所有的孩子都深有感触。究其原因,大部分是因为家长对孩子的信任和鼓励不够。一开始,我设计了一个关于鸿沟模型的活动,就是为了帮助孩子们梳理自己的梦想,再通过目标分解模型,把梦想落地。在推进中,孩子们慢慢开始学着规划、实践,管理自己的时间,体验深度学习的乐趣。

我很喜欢项目式学习,从参与其他老师的项目到自己独立设计项目,从推动项目开展到自己组织项目式学习嘉年华活动,还成立了以跨学科项目式学习为研究方向的未来教育工作室。

我热情地投身于项目式学习的推广中,就是因为在学习过程中,孩子们能真正地参与学习、深度学习。看到孩子们那一张张因为成功而绽放的笑脸,真好。

徐丹

DISC双证班F41期毕业生
艺培行业落地运营金牌导师
国科视光青少年近视防控项目策划师

扫码加好友

DISC+艺培教育
——家长的"北斗导航"

在当代家庭中,随着孩子一天天长大,家长对孩子的素质教育日益关注。艺术启蒙教育属于素质教育,根据教育部的最新政策,美育进中考已在8个省市进行了试点。可以预见到,美育在中考的试点范围将逐渐扩大。艺术启蒙教育除了可以陶冶孩子情操、发展孩子潜能,还可以为孩子减轻中考压力,这已逐渐为社会所公认。

然而,具体到每个孩子身上,什么时候开始进行艺术学习,学习什么项目,家长该选择怎样的培训机构,如何选择适合自己孩子的课程和老师,都是难点所在。很多家长都有这种体会:给孩子报艺培时非常茫然,无人指引方向,自己心里其实是虚的,但不学就落后于其他孩子了,所以不学不行。这一难题究竟该如何解决?

我在公办学校担任音乐教师长达8年,之后结合自身国家二级心理咨询师以及家庭教育指导师的优势,创立并运营"尚音艺术"培训学校至今,已深耕逾12个年头,培训超过5000名学生,目前已成为艺培联盟平台的金牌导师。在十余年的职业生涯中,我见过很多家长带着望子成龙、望女成凤的目标给孩子报班,但又希望这些艺培课不要给孩子太大的压力,让孩子在文化学习和艺培中快乐地成长。

其实处理这个矛盾并不难,就像我们现在出行时需要高精度定位的北斗导航服务一样,解决专业问题需要专业人士。在下文中,我将从目标达成、愿景激发、精确细节和支持服务这四个方面为家长提供最精准的"艺培北斗导航"指引。

无处不在的 DISC 问题解决模型

自从 1928 年威廉·马斯顿博士在《常人之情绪》一书中明确地提出 DISC 理论以来,DISC 经过近百年的发展,目前已经成为全世界使用最广泛的评量系统之一。

DISC 理论通过行为风格理论(行为影响情绪、认识不等于了解、管理付出不如激发投入)、人际敏感度的三个层次(识别、运用、管理)理论,拆解了人类行为与情绪之间的密码,即人们行为的倾向性及解决问题方法的科学性。

在李海峰老师的 DISC + 社群中有句名言:凡事必有四种解决方案。

可以说,DISC 在当代已经不只是一个简单的心理学测评工具,不仅仅适用于职场的绩效提升、个人成长。DISC 的四种解决问题的思路,已经成为我们面对任何难题时的一个行之有效的方法。同样,看似复杂、难以理清头绪的艺培学习问题,可以用 DISC 理论将它拆解为目标、愿景、细节和支持四个部分,逐个分析,我们就能完美地解决它。

学生家长的 DISC "北斗导航"

从教育心理学的角度来看,不论是艺培课程,还是文化课,想要让孩子充满动力地学习下去,就需要从目标、愿景、支持和精准策略这几个方面下功夫。

根据 DISC 理论,不同特质类型的家长所看重的方面有区别,不同特质类型的家长与孩子的沟通策略也不同。家长做得不到位的地方,我们学校就要做到,给孩子施展的空间,让孩子的表现得到掌声,给家长合适的辅导方案。

目标达成

 我的孩子适合学琴吗？

关于什么样的孩子适合学钢琴这个问题，我个人认为不需要设限。

钢琴是乐器之王，要同时用到左右手，看两行谱，这个训练的过程本身就是对左右脑开发的过程，对孩子的记忆力、理解力、想象力、创造力都有帮助，至于最后每个人在钢琴领域所达到的高度那肯定会不一样。如果一定要用某些指标来衡量孩子，那么主要是考查孩子对音乐的敏感性、记忆力和协调性，比如，播放一个音乐片段，让孩子表达聆听的感受；打一个简单的节奏，让孩子模仿打击；放几小节旋律，让孩子模唱。这些在我们学校的体验课上都会让孩子尝试，然后给家长一份课后总结表，让家长明确地知道自己孩子的优势和可以提高的地方。

 学琴的主要动机和工作方法

家长圆梦

很多家长来给孩子报名时，都会说自己当年没机会学，现在有机会给孩子学，一定要报名。

对于此类家长，我们学校的咨询老师一定会让家长把孩子带来面谈，了解孩子的真实兴趣点，根据孩子的性格特征来匹配师资，给孩子安排合适的体验课。体验课会让家长参与，这样可以让家长在了解老师授课风格的同时，也让家长圆儿时的梦。

孩子喜爱

很多家长来为孩子咨询时会说，我的孩子特别喜欢音乐，天天在家跟着抖音神曲手舞足蹈，应该很有音乐天赋。

对于此类家长，我们学校的咨询老师会让老师给孩子做音乐六要素的现场测试,从而给孩子家长提供客观的建议。我们会肯定孩子的优势,同时会告知家长,通过学习系统的艺术启蒙课程,孩子的优势会得到发挥,相对较弱的部分也可以得到有效提升,我们会根据孩子的具体情况配置相应的课程。这样既照顾了孩子的喜好,又能通过个性化的定制课程,帮助孩子在艺术道路上走得更远。

从众心理

很多家长来学校咨询报名时没有目标,就是觉得闺蜜的孩子在学琴,所以自己的孩子不能输在起跑线上。

遇到此类家长,我们的咨询老师会建议家长回避,由老师来和孩子单独交流,通过沟通得知孩子的真正兴趣点所在,再由我们的咨询老师与家长进行面对面的沟通。

或许有些家长会说,孩子不懂事,都是三分钟热度,哪能听孩子的。对此,我想对广大家长说,兴趣是孩子学习的原动力,当孩子选择了某一项培训科目后,虽然在学习道路上的陪伴、鼓励是需要父母来提供的,但这与孩子以兴趣为出发点来选择培训课程并不冲突。

休闲心态

有些中学生、大学生甚至成年人前来咨询时,往往会说:"我就想学个乐器休闲娱乐一下,偶尔可以展示一下。"

遇到此类学员,咨询老师就会给学员推荐方便携带、快速上手的乐器。对于此类学员,不但要根据其学习目标定制课程内容,甚至要给予更灵活的时段选择。

还有一些中学生、大学生会选择寒暑假来集中上课,以学会某几首曲子为目标,我们学校会为此类学员提供特训营课程。

升学需求

有些家长来咨询时,会问及学校后期的输出平台,甚至会关心孩子参加艺考及走专业路线的相关问题。

遇到此类学员,咨询老师一般会把学校的发展历史、举办过的大型活动、历年的考级和比赛成绩等给家长作介绍。当个别孩子有考学的需求时,咨询老师会让专门负责的老师和学生家长进行深入沟通。考学的要求与常规培训的要求不同，需要专项服务组跟进。每年的考学政策都在发生变化，所以需要学校掌握和具有最前沿的资讯和最专业的培训体系，来为考生们保驾护航。

学琴会耽误孩子成为学霸吗？

答案是否定的。每年高考结束后，我们都能看到新闻报道，全国各地的高考状元都是多才多艺、全面发展的。时间对于每个人而言都是公平的，所以钢琴并不是耽误你的孩子成为学霸的绊脚石，反而是孩子十多年求学道路上的好朋友。

我所在的学校也曾遇到过因为学业压力大而打算中断孩子钢琴学习的家长，也就是说，很多时候想放弃的不是学生，而是家长。事实上，家长们并不能保证孩子会由于不再练琴而成绩上升。建议家长不要轻易让孩子放弃兴趣，与其轻言放弃，不如探讨一个更有建设意义的提高练琴效率的方法。

第一，和老师一起规划、调整练习内容，增加趣味性曲目，帮助孩子度过枯燥期。

第二，科学安排练琴时长。在启蒙阶段，建议每天的练琴时间在20分钟左右。

第三，学会分时、分段、分手练习。如果有一小时的练琴时间，建议家长让孩子分2～3次练习。每次的作业可以让老师帮忙分乐段，回家后分段练习。至于分手练习，很多家长都听说过，即先分手练习，后合手练习。

科学的练琴方法加上良好的练琴习惯，会促使孩子由他律走向自律，促进孩子"学""艺"相长，收获满满。

愿景激发

艺培课程，孩子与父母美好的共修回忆

孩子从小接触艺术，对其一生都会有很大的帮助。在这个过程中，很多时候孩子能坚持下来，是因为父母乃至整个家庭的支持，而孩子中途放弃，往往也是父母先放弃。以考完业余 10 级为例,需要 5～7 年的时光,父母的一路相伴确实不易。当孩子轻松愉悦地踏进艺术殿堂,孩子和父母的这段艺术共修之路,将成为彼此最暖心且美妙的亲子时光。

考完 10 级,学习生涯就结束了吗?

第一,并非考过了 10 级就可以如释重负,觉得大功告成。考过钢琴 10 级确实很优秀,为了考到 10 级,孩子和家长也付出了很多努力,但考到钢琴 10 级并不能代表钢琴演奏水平已经到了最高水准。

第二,要有"补课"心态。考完 10 级之后的第一件事情就是把为了考 10 级而被疏忽和遗漏的课程补回来。在国内的考级中,听音和乐理是大部分孩子的短板,耳朵的迟钝和理论知识的缺失要及时补救,不要让一时的疏漏成了终生的欠缺。

第三,可以开始多弹一些孩子喜欢的乐曲,可以是经典的作品,也可以是通俗的乐曲。在考级过程中练习的乐曲未必是孩子心目中最愿意去诠释的,10 级过了之后,是时候把练琴和快乐结合在一起了。

总之,考试结束了并不意味着对钢琴不再探索,不再进取,不再热衷。如果有机会能继续通过钢琴走上舞台,那是很有意义的。

精确细节与信息

中国音乐教育培训细分市场

一项对 200 余所普通高校的一年级新生的美育情况的调查表明,近 80% 的被调查学生在中小学阶段接受了正规的艺术课堂教学,62% 的学生参与了学校的艺术社团或兴趣小组,33% 的学生掌握了一定的艺术技能。调查还显示,67% 的学生具备了一定的艺术鉴赏能力。

在众多的艺术培训项目中,家长最希望孩子接受的是乐器、舞蹈、美术类培训,分别占比 30.59%、26.91%、21.81%，在全部培训项目中占到近八成。中国艺术培训市场目前仍处于产业发展的成长期，培训需求巨大，其中音乐教育是所有艺术教育中需求最大的。

音乐培训机构中的教学对象分布

在艺培学员中，少儿和成人是主体。以 2015 年的艺术培训市场为例，少儿艺术培训市场为 349 亿，占比 75%。参与音乐培训的学生的年龄段分布为 3～5 岁的占 10%，6～10 岁的占 33%，11～15 岁的占 47%，15 岁以上的占 10%。

根据统计数据可知，参加音乐培训的主体人群为 3～12 岁的学生，也就是幼儿园及小学阶段的学生。以上数据表明 3～15 岁的学生是参与艺术培训的主体人群，这一年龄段刚好涵盖了孩子从幼儿园到初中的学习阶段。

以器乐课程学习为例，不同的乐器所要求的开始学习的时间段是不同的。比如，吹管乐有肺活量及牙列的要求，所以建议孩子换完牙后再学习，键盘乐器、弹拨乐器则可以更早地开始学习。不同乐器的学习难易程度也有差异，所以家长在帮助孩子选择时，也要考虑孩子的学龄、文化与艺术课程的时间分配等。

孩子开始学琴的最佳时间点

4～6 岁是全世界公认的比较适合开始学习钢琴的年龄段。这一阶段的孩子，皮质细胞基本分化完成，中枢神经系统更加成熟，肌肉的发育也更加完善，这些都为孩子钢琴的学习提供了良好的生理条件。但在 4 岁之前，音乐素养启蒙也完全可以展开。

我所在学校的孩子最早的在 3 岁开始进行音乐启蒙，一年过后开始钢琴学习，但是音乐素养课程并没有因为技能课的开始而结束，而是两者相结合，这样，学习效果更好。

4 周岁的孩子按照学龄是在上幼儿园中班。钢琴教学一对一比较多，所以孩子只有上过学，在除家庭以外的社会环境里浸润过，再到培训学校面对老师时才不会感觉太陌生。因此,家长们可以理解为孩子上到幼儿园中班左右再开始学琴比较合适。

常有家长询问我,孩子上小学再开始学琴是不是太晚了?答案是:不晚。此时,孩子的年龄虽然偏大,但他的理解力、注意力、执行力也更强,所以学习进度相对会更快。

钢琴老师选择策略

除了老师的演奏水平外,最重要的是老师要有爱心。因为唯有爱,才能真正启发孩子去感受音乐。

其次是要有耐心。很多老师不愿意教启蒙阶段的孩子,原因是启蒙阶段的孩子往往年龄比较小,情绪很难管控。很多机构把启蒙阶段的课时费设置得很低,老师觉得带启蒙阶段的孩子吃力不讨好。这一细节需要家长在考察时特别留意。

大课与小课的选择策略

对于钢琴课主课,个人建议还是上一对一的小课,因为一对一的学习可以根据孩子的进度进行私人订制,可针对专业演奏技巧以及作品处理进行更精准、细致的指导。但是,在学习钢琴的过程中,还有一些课程适合大课模式,比如乐理课、视唱练耳课、音乐鉴赏课、音乐素养课等,这些课程与钢琴演奏课是相辅相成的,希望家长不要忽略。同时,建议家长在孩子学琴的启蒙阶段,也就是在开始学琴的前半年,每周给孩子安排一次辅导课,纠正练习中的错误,提高入门阶段的学习效率。辅导课是主课的补充,选择一对一或者一对二、一对三的精品小组课都是可以的。

孩子在学琴中途选择放弃有一个重要原因:入门太痛苦。为了避免传统学习钢琴一周上一次课所造成的弊端,现在有些机构根据孩子学琴的规律及家长的痛点,在入门阶段设置了套餐课程:一周一次一对一主课、一周1~2次小组培优课、一周1次音乐素养课,还有机构给初学者提供包月琴点。这些都有利于孩子坚持学下来。设置套餐课程的机构并不是出于纯盈利思维,而是科学地帮助孩子快速入门,希望家长不要错过这样用心的培训机构。

无论是大课、小课还是大小课结合的形式,我都建议家长在孩子刚开始学琴的时候,多陪伴孩子,了解老师的授课情况及孩子的心理变化。

培训机构的选择策略

距离 1 公里的范围内

距离在学习中是一个不可忽略的因素,当今社会的节奏之快超出了我们的想象。目前,参加艺术培训的孩子的父母主要是 80 后、90 后。父母们或许有消费能力,但是不一定有接送孩子的时间及意愿,每天带着孩子在幼儿园、小学或者培训班门口的往往是孩子的爷爷奶奶、外公外婆。很多老人不会开车,就算会开车,学校门口往往是拥堵点,而 1 公里的范围内则步行可达,送完孩子还能回家做点家务。孩子年龄稍大一些,就完全可以独立上下课。因此,父母在选择培训机构的时候,1 公里以内的建议优先考虑。

运营周期及规范性

建议广大家长走进学校和咨询老师沟通,了解一下培训机构的存续期。运营周期在 1 年以内的,并且校长不是专业出身却声称是连锁机构的,建议不要一下子购买太多课时。

教育行业与其他行业不同,只能静等花开,需要时间来验证,所以 5 年甚至 10 年以上的运营周期毋庸置疑可以给客户带来安全感。有较长存续期的培训机构的校长往往是专业老师兼投资人,所以校长是学校的灵魂,也是学校最后的防火墙。

规范性如何体现?大致可以分为以下几点:

首先是入学流程的规范性。艺培机构相比文化课培训机构来说,在流程上不够完善,一般是经过简单的口头介绍后,安排试听课,然后缴费入学。

建议家长在首次到校咨询时,看一下学校有没有独立的咨询室或者专属的咨询空间。在咨询过程中,咨询老师有没有一些相应的咨询表单来记录和你的谈话内容。体验课是否有预约表及评价表。体验课是否有课前提醒及课后回访。缴费入学是否有收费凭证及入学协议。

师资力量及口碑

每一个学校的运营者都深知,只有服务和教学效果才能长期留住生源,而家长几乎到校都会问到一个共同的问题:"请问,你们的老师是哪里的?"关于师资,我给大家纠正两个误区,并给出一个建议。

误区1:过度迷信音乐学院毕业的老师

很多学校为了让家长觉得自己的老师很专业,往往都会说"我们的老师都是音乐学院毕业的"。大多数家长就算从小参加过兴趣培训,但是由于没有走专业路线,所以不知道就算是音乐学院,在其内部也有很多专业。

中国共有九大音乐学院,每年的毕业生数量是有限的,而且音乐学院的学生毕业后,真正从教的比较少,大多数会进入相应的专业团体。这类人群的技能完全过关,但是教学经验未必达标。简单一句话:会弹的,不一定会教。

误区2:过度轻视在校大学生

广大家长们,请大家自己想一下,大学期间是不是我们每个人的专业上升期,虽然不是说巅峰状态,但是在这个阶段,我们都在学习和成长。在校生年轻,或许经验欠缺,但是年轻也是优势。这些在校生像大哥哥、大姐姐一样和孩子们聊得来,教学方法很有创意。

我在大二就到培训机构做助教老师,很用心,孩子们也很喜欢我。通过做助教,我成长得特别快,因为可以学习到不同主教老师的教学方法。

因此,我希望广大家长在孩子学琴的启蒙阶段,不要过多地挑剔老师,尤其是在校大学生,当然前提是这位大学生是对口专业的,不要让声乐专业的学生教钢琴。

我的建议是:选择师范学院对口专业毕业的老师,这有两大好处——

首先,师范专业的学生毕业的方向是成为教师,所以这些学生在校期间不但要学习专业知识,还要学习教育学、心理学等相关知识,所以在日常教学中会更有方法。

其次,师范专业的学生在校期间会学习如何上好一节课,会写教案、大纲、教学计划。他们毕业后,大部分的职业方向是成为老师。要成为一名合格的音乐老师,在师范学院中,除了主修科目外,还有必须要修完的辅修科目,所以师范院校毕业的老师在教学中覆盖的内容相对比较全面,孩子在早期音乐启蒙的过程中所接收到的信息也不会单一。

支持服务

家长一定要陪练吗?

关于陪练这件事,我认为不能一概而论。首先要看孩子的年龄段。如果孩子开始学琴的年龄比较小,我希望家长阶段性地跟课和陪练;但是如果孩子开始学琴的年龄比较大,那么不建议家长参与陪练。

如果孩子确实需要陪练,那平时去学校上课,家长是不是也要陪同呢?家长陪练是为了让孩子跟上课程进度,但是,比进度更重要的是孩子学琴的独立性。

如果孩子确实需要陪练,那是由家人陪练还是找专业老师来陪练?经常有家长说,练琴成为他们和孩子之间亲子关系的杀手。听到这个,我很难过,我建议家长在学校找一个专业陪练老师,陪孩子练琴。陪练老师可以帮助孩子纠正错误、突破难点,但是陪练频率一周不要超过两次。还是要给孩子独立练琴的机会,不能完全依赖陪练老师或家长。

学钢琴就一定要买钢琴吗?

"工欲善其事,必先利其器。"学钢琴买钢琴,就和上学买文具是一样的道理。有钢琴后,就有了学好的条件和决心,决心很重要。家里没有钢琴,给孩子的感觉是我只是玩玩而已,始终无法进入角色,往往说放弃就放弃。

家里没钢琴,孩子没办法练,几个月下来,学得不扎实、上课效果不好,恶性循环是早晚的事;家里有钢琴,每天练,基础越来越好,形成良性循环,孩子越来越有感觉。所以家中有琴非常关键,如果家长确实有所顾虑,可以考虑租赁方案,一定要保证孩子有琴练。

至于有些家长认为可以先买个电子琴,我想要强调一下:钢琴在演奏时,对力度的要求很严格,不同力度所表现出来的渐强、渐弱、突强、突弱等效果以及音色等都不相同,而电子琴是无法表现渐强、渐弱等技巧的,无论使用怎样的力度,用电子琴演奏出的声音都是一样的。此外,钢琴对左右手的要求是一样的,两只手在技巧方面需要同样的强度训练,以达到两者技术上的平衡。电子琴则是右手运用得更多,左手即使用来演奏和弦也是相对比较简单的,左手更多的是用于转换电子琴上的各个功能键,训练强度明显达不到钢琴的要求。

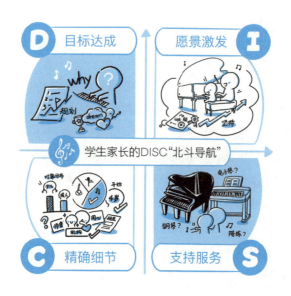

家长要重视的 DISC 沟通要点

家长可能出现的问题

我们都知道,根据 DISC 理论,个体不同的行为风格都有其各自的特点,会带给他人不同的感受。

D特质高的人做事果断,雷厉风行,紧盯目标,迎难而上。那么,D特质高的家长在孩子的眼中会是什么样子呢? 也许家长认为自己给孩子带去了决心和目标,但也许孩子感受到的是束缚和压迫呢?

I特质高的人善于描述愿景,营造氛围。I特质高的家长也许认为自己给孩子带去了美好的期待和良好的氛围,但也许孩子感受到的是画饼和承诺未兑现所带来的失望呢?

S特质高的人很擅长从对方的角度出发,为别人着想。S特质高的家长也许认为自己是孩子学习过程中牢固可靠的后盾,但也许孩子感受到的是面对一些突发问题,家长没有应变能力,不敢帮忙解决问题呢?

C特质高的人善于精准分析,容易抓住关键问题。C特质高的家长也许认为自己事无巨细,给孩子把关到位,但也许孩子感受到的是家长很难亲近,不易让自己快乐呢?

所以,除了前面我们分析过的艺培领域的DISC"北斗导航"的四个环节之外,对每位家长而言,要想给孩子提供快乐、效果好的艺术培训,还必须有清晰、准确的自我认知的觉悟,以及与孩子科学互动的调整能力。

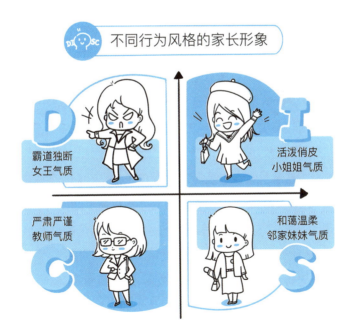

不同行为风格的家长形象

不同类型家长最需要注意规避的问题

家长在与孩子的互动中，需要注意规避一些问题，不可因为父母某些个性特征太强而导致沟通效果不好。根据 DISC 测评的相关知识，不主张对小于 15 岁的孩子进行 DISC 测评（主要因为孩子的可变性很大，太小进行这类测评，容易将孩子"对号入座"，形成认知偏差），所以一般来说，在进行亲子教育中的亲子沟通环节的时候，我们会更多地使用家长的 DISC 测评来进行分析。

对于 D 特质高的家长而言，在亲子教育的过程中，比较容易犯独断专行、让孩子失去自主权的错误。这时候，家长一定要明白：对于孩子而言，无论是学习艺培还是文化课，永远不要试图用自己的强势去改变对方，而要耐心一些，花时间用认真的态度聆听孩子的感受，用协商的方式跟孩子一起讨论出下一步艺培学习的目标（可分解为阶段目标，但不能全由家长拍板定夺，要孩子参与决策），将这个双方都认可的目标作为日常提醒的内容即可。

对于 I 特质高的家长而言，在亲子教育的过程中，有时候会出现不守信誉、答应爽快却兑现不了的情况。这时候，家长一定要明白：在亲子教育的过程中，至关重要的是孩子对家长的信任、依赖与崇拜，所以要求家长以身作则、遵守承诺。I 特质高的人容易作出承诺，但不过脑，所以这就需要 I 特质高的家长用一些小办法来时刻提醒自己，对孩子说过的话要能够真的做到，一次都不可以失信。常见的做法有：作出承诺并经孩子确认之后，记录在手机备忘录上，一旦孩子质疑家长承诺未兑现，立刻进行道歉和补救，并进行记录，类似错误不能再犯！

S 特质高的家长在亲子教育中是非常关爱孩子的，但当孩子遇到困难时，家长会显得手足无措，不知如何处理，有时在收到老师的负面反馈时，他们会摆出"老好人"的姿态，让孩子不满。这些都是因为 S 特质最大的特点就是追求安全性、回避变化。在这时候，家长一定要明白：家长能够给予孩子的是陪伴和支持，同时家长确实无法为孩子解决每一个问题，但温暖的话语、关怀与包容，依然可以发挥作用。比如，可以通过与孩子的语言沟通，试着询问孩子的想法，是不是需要家长与老师进行沟通、提供必要的帮助，或者孩子希望家长如何去做等等。

C 特质高的家长在亲子教育中往往追求完美、一丝不苟,但正由于这种风格,孩子会觉得父母不讲情、只讲理、太教条、刻板,只关心艺培学习训练的效果,似乎没那么爱自己。这时候,家长一定要明白:先处理情绪,再处理事情。追求精益求精没有错,但我们首先是亲人,亲情要放在第一位。在苛责孩子的艺培训练没有效果之前,可以先主动询问一下孩子经历了什么、在训练的过程中感觉怎么样、有没有遇到什么困难。

我从业十多年,深爱艺术培训领域。我见过家长们最初的茫然,见过孩子们从零基础到考上专业艺术学校的喜悦,见过家长在孩子面临文化课压力时的无奈与取舍,见过家长长达数年风雨无阻的接送与陪练,见过数以千计的学生的成长经历以及家长的蜕变过程。我以一句话总结一个孩子的艺术学习的道路:它往往是一条家长与孩子值得回忆的共修之路。

作为音乐老师和艺术机构的运营者,我希望本文中的建议能给大家带来启发。从 2016 年起,我开始在艺培联盟的平台上担任金牌导师,并在线下持续分享了三年多,结识了全国各地众多艺术培训学校的校长。在 2020 年初,我坚持了 160 天的不间断线上分享,陪伴迷茫中的校长一路走来,收获了"琴行届的白衣天使"称号。今天能看到我这篇文章的家长们,无论你在哪个城市,如果有需要,都可以添加微信联系我,我会尽力为你和孩子精准分析当地优质的艺术教育资源。

我衷心希望,作为家长的我们,要在孩子们幼小的心里种下艺术的种子,让我们共同灌溉,等待生根发芽,开花结果。亲爱的家长们,我们让孩子参加艺术学习,并不只是要他们在未来成为艺术家,而是希望他们具备艺术素养。这样,他们未来的人生将会更丰盈,更自信,更高雅。孩子是我们每个家庭的希望,也是国家的未来。让我们共同以爱的名义,陪伴与鼓励我们的宝贝开始他们人生的艺术之旅吧。

丁媛媛

DISC+授权讲师A8毕业生
培训讲师
资深销售
心理咨询师

扫码加好友

精准"赢"销
——客户管理之实战法宝

作为一个曾在市场上摸爬滚打了十余年的销售"老鸟"、接触过内外资企业众多销售人员的培训老师,我在分享客户管理实战法宝之前,想先浅谈一下我对销售的理解,以抛砖引玉。

销售"老鸟"写在前面的话

销售的本质

在带领销售队伍的过程中、在我的销售课堂上,我曾问过很多销售人员,其中不乏多年经验的资深销售,"什么是销售"?

"销售就是卖东西""销售是挖掘客户需求、满足客户需求的过程""销售是把我脑子里的想法放到客户脑子里,把客户口袋里的钱放到我口袋里"……我每次都能听到不同的定义,但总结起来,它们有一个共同的含义在里面,那就是——交换。

"不要我以为"

既然销售的核心是交换,那交换的是什么呢?价值。

大家都听过买椟还珠的故事:楚人有卖其珠于郑者,为木兰之柜,熏以桂椒,缀以珠玉,饰以玫瑰,辑以羽翠。郑人买其椟而还其珠。买椟还珠这个成语的寓意是有人不懂价值,没有眼力,舍本逐末。而我们换位思考,站在客户的角度来思考,对这个郑国人来说,也许这个精致的木匣就是能给他带来更多的喜悦。也许他家中有很多宝珠,对他来说,这样的宝珠司空见惯、不值一提,而那精美的木匣却是他见所未见,让他爱不释手的;或者,也许他家中就是有一个更珍贵的宝物缺少如此精致的木匣来装……所以在他的眼中,这个木匣比那颗珠子更吸引他,他更需要,也更愿意花大价钱去买。所以,这个销售所交换的价值,一定是客户认为的价值。在现实中,有多少销售员割心割肉地把自己的"宝珠",即那些努力争取来的、手头上极有限的资源给了客户,客户却毫不在意,反倒是竞争对手一个看起来毫不起眼的做法、无须花大成本的一个投入,却像那个精致的木匣,深深打动了客户。

请记住,销售交换的是价值,而这个价值不是你认为的价值,而是客户认为的价值。对销售从业人员来说,请记住那句流行语——"不要我以为,要客户以为。"

人人皆销售

卖东西给客户,是在销售你的产品;让老板认可你的方案,是在销售你的能力;让下属追随你的脚步,是在销售你的理念。我们每个人的一生,都在进行一场场销售,即便当你还是一个小婴儿时,你也在销售,你用哭声、咿呀声在交换甘甜的乳汁、干爽的尿片以及妈妈温暖的怀抱。

阿里销售铁军里流传着这样一句话:"人生处处皆销售。你把一个东西、一个想法,甚至把自己'卖'给另外一个人的过程,就是销售。"阿里铁军的前任校长李立恒,他用做销售的方法成功追到了心仪的女孩,他说:"阿里巴巴十年的销售经验,不仅让我实现了财富自由,更让我发现,销售是每个人可以受用一生的技能、思维和习惯。"

人人皆销售,人生处处皆销售,销售也是一种思维、技能和习惯,运用在工作、生活中的方方面面。一个善于销售的人,总是离钱最近的。

说了那么多销售体会,希望对读者有所启发,下面就正式进入客户管理实战。

找对人、做对事

谈到销售或者交换,必然有客户。客户非常重要,能为企业带来价值,是企业的重要资产。专业客户管理就是通过与客户建立稳定和双赢的关系,来赢得、增加和保留有价值客户的一种方法,其核心是客户价值管理。

做好客户价值管理,就是要做好两件事:找对人与做对事。

找对人

无论是外企、国企,还是央企、民企,它们的销售人员都面临着同样的问题,就是销售的资源是有限的,包括销售人员本身的资源,即时间、精力都是有限的。同时,如黄金分割般玄妙的二八法则也告诉我们,20%的客户占据了你80%的潜力。现实也处处印证了这一点,我们发现,20%的客户贡献了80%的销量,总有20%的先行者客户影响后面80%的客户的购买和使用。因为资源具有有限性,所以作为销售人员,第一步要对客户进行分析、分级,即选对人,找到对你而言非常重要的那20%的客户,重点跟进。

关于找对人,我给个简单公式,即"VIP":

V——Value:直接采购产品的价值贡献高者。

I——Influence:虽然非直接采购者,但对采购决策有很大影响者。

P——Potential:虽然目前未采购你的产品,但是属于未来的潜在采购者。

这三类人都是你的"Mr Right",他们即"VIP"了,是不是很好记呢?

做对事

筛选出自己的"VIP"后,接下来就是针对这些VIP做对事。做对事分为两个维度,即人和产品。成功的大型销售,一般是既要认可销售人员这个人,又要认可他所提供的产品。这也贴合DISC精神,DISC启示我们,既关注人,又专注事;在任何情境下,都追求把事做成,同时构建更和谐的关系。在销售中,也是追求既要在当下把产品成功地销售出去,同时又要追求在销售过程中,与客户的关系更好,增加信任感,在未来有更进一步的合作。要知道,争取一个新客户的成本是维系一个老客户的五倍,而60%的新客户都来自于老客户的推荐。

让客户认可销售人员

老销售们常常说,学做业务,先学做人;卖产品的第一步就是先把自己销售出去。因此,建立信任非常重要,信任是开展一切销售的基础。

人与人之间信任关系的建立取决于交往时间的长度、交往的频次和深度。想想看,你对老同学、发小、老相识是不是更信任?所以,与朋友交往的时间越长,你俩越信任对方。还有,俗话说,"远亲不如近邻",为什么?也是因为你们平常互动的次数越多,你们就越信任对方。那如果你去过对方家里,知道他的心酸与骄傲,彼此了解，你俩交往得越深，也就越信任对方了。

开发客户也是一样的，建立初期的信任就从与客户交往时间的长度、交往的频次和深度这三方面着手。对于新业务员，师傅们或经理们会说，多跑跑市场，这是因为他们知道，交往的时间和交往的深度对于新人来说不那么可控，这个时候只能依靠交往的频次，见多了自然就熟悉了，而且如果碰巧遇到某个契机，就可以和客户深入交流了。

就像我曾经带过的一个销售新人，他很听话地没事就去客户单位拜访一圈。那天正赶上客户的其他同事去参加观影活动了，只有这个部长在。这个部长去卫生间，回来发现办公室的门不小心被风刮得锁上了，部长没带手机和外套，多亏我们这名销售正好去那拜访，他从窗户跳进办公室，打开门，帮了部长一个大忙，这位部长一下子对我们这名销售建立了好感，在后面的很多跟单过程中都照顾他，让这位销售新人很快就赢得了大单。因此，销售人员要勤奋，初期要靠增加拜访频次来推动客户关系的加深。

推动客户认可产品

有了客户的信任，客户才愿意听你说，进一步了解你的产品。在让客户认可产品这个阶段，我们一般推荐 FABE 销售法。

FABE 销售法是由美国俄克拉荷马大学企业管理博士、台湾中兴大学商学院前院长郭昆漠先生总结出来的。FABE 是四个英文单词的缩写：

F——Features：产品特征。每个产品都有其特征和功能，这些特征包括产品的材料、成分、工艺、属性、参数等。

A——Advantages：产品优势。你的产品特征，即"F"中所列的特征和功能究竟有什么优势，让买家有购买这个产品的理由。具体可以这样做，把你的产品与同类产品相比较，列出比较优势；或者列出这个产品独特的地方。

B——Benefits：给客户带来的利益。你的产品所具有的优势"A"，能给客户带来哪些好处和利益。在这一环节，一切以客户利益为中心，通过强调客户能得到的利益、好处，来帮助客户预先感受这个产品，激发他们的购买欲望。

E——Evidence：支持证据。这些证据包括技术报告、测评视频、客户来信、买家好评、媒体报道、用户使用照片、操作示范等，通过现场展示相关证明文件、利用品牌效应来印证以上的一系列介绍。

其实，在销售过程中，客户心中一般都盘旋着如下几个问题：

（1）我为什么要听你讲？（销售人员在一开始就要吸引住客户）

（2）这是什么？（从产品的优点进行解释）

（3）那又怎么样？（阐述这些优点能给客户带来的利益，而且要使用客户熟悉的语言）

（4）对我有什么好处？（人们购买产品是为了满足自己的需求，而不是销售人员的需求）

（5）还有谁买过？（证据、证明）

所以，FABE这四个环节，可以简单地概括为：这个产品是什么？怎么样？能为客户带来什么？客户为什么要相信？

针对客户心中的疑问，销售人员在介绍产品的时候，首先要说明产品的"特点"，接着解释"优点"，然后阐述"利益点"，并展示"证据"。只有这样，才能将产品信息循序渐进地传达给客户，从而有效地打动客户。

当然，FABE销售法之所以经典，还因为这四个环节很好地整合了D、I、S、C这四种不同客户所在意的"价值"：

D特质客户——比较在意"A"，即产品优势，要突出重点；同时也在意"B"，即所带来的实际利益。

I特质客户——比较在意"E"，即支持证据，特别是哪个500强公司、哪个名人用过；如果产品有新潮、有趣、吸人眼球的"A"，那就更能打动I特质客户了。

S特质客户——比较在意"B"，即利益，尤其是带给他周边相关人的利益，比如领导、下属、上下游合作方、家人带来的利益；同时，如果产品有安全保障的"A"，也很吸引S特质客户。

C特质客户——比较在意"F"，即产品特征，比如产品本身的结构、材质、性质、内在属性等；C特质客户也在意证据"E"，只是能让C特质客户信服的证据必须非常严谨，否则C特质客户宁愿自己从产品本身的"F"里推导出令自己信服的"E"，因为对于C特质客户来说，他们最信任的是自己。

所以，我们先要洞察、了解客户，在介绍产品的时候，知道客户关心的是什么，他心中有什么样的问题。因为无论你的产品有多么好，客户心中都会存在一连串的疑问，这些问题客户不一定会清楚地说出来，可是这些问题都存在于他们的潜意识中。因此，在推动客户认可产品的过程中，我们要将DISC与FABE销售法一起使用、融会贯通。

读懂客户、做好沟通

我接触过的许多销售人员都曾这样问我:"好不容易约了当面拜访,为什么没等我介绍完,客户就说要开会,让我先走呢?""客户为什么总是跟我打哈哈呢?""我跟顾客掏心掏肺地聊了半天,为什么却抓不住他们的心呢?"

在我看来,做销售,最基础、最重要的功夫在于沟通。

虽然沟通是每个人时时处处都在用的技能,但绝非如你想象的那么容易。善于销售的,往往只是销售大军中的极少一部分人。在销售的过程中,如果我们能够读懂客户,明白客户感兴趣的事情、在意的价值是什么,用心去察觉他们背后的需求,有什么困难、疑虑、忧愁,可以为他们做些什么,真心诚意地关心客户,那么,我们就更容易走进客户的内心,从而促进成交。相反,如果只是为了卖产品而带着明确的销售目的去跟客户交流,那么,相信我,客户会把自己的钱包捂得很紧,并随时关闭与销售人员的沟通渠道。

看到这里,你也许会问:"那我怎样才能读懂客户、做好沟通呢?"没有两个人是一模一样的,客户亦是如此。同样一套说辞,在 A 客户这里有效,能赢单,在 B 客户那里就不行。销售人员的沟通是有意识的行为,是一种需要训练的基础技能。

销售人员需要以客户为中心,跟客户调对频道,即"沟通有诀窍,先要调频道"。先识别客户的主要行为特质,再根据他的风格,调整自己,与客户同频。这就离不开提升人际敏感度的强大工具——DISC。

DISC 行为倾向研究通过两个维度,即关注人还是关注事、行动快还是慢,将人分成四种特质,分别是:

(1)D 特质,指挥者——关注事、行动快

(2)I 特质,影响者——关注人、行动快

(3)S 特质,支持者——关注人,行动慢

(4)C 特质,思考者——关注事,行动慢

D 特质客户——指挥者

看重的价值:权力、竞争、获胜、成功。

基本需求:权力、成就、做决定、节省时间。

简单识别:办公室的陈设往往很简单,只有必需的电脑、台历等,台历上往往写满了日程。讲话快、走路快、吃饭快,凡事讲究迅速解决,喜欢现场办公、直接拍板。

调频 Tips:

访前准备:预先准备充足、目标明确。

访中注意:直切主题、言简意赅、突出实用价值、及时反馈、加快效率、提供选择、让他自己决定、注重结果。

缔结承诺:可直接提出要求。

实战分享:

(1)销售员小张约好上午 10:00 带着自己公司的营销总监来拜访 D 客户,届时来自上海总部的营销总监将带着最大的优惠政策来推进合作。眼看这是一场促进签单的会面,双方都很期待。不料,当天上午,写字楼楼下的停车场爆满,小张转

了好几圈才停好车,当他带着远道而来的总监在10:05急匆匆地赶到客户办公室时,发现D客户已拂袖而去。

点评:D特质客户的时间观念非常强,他本身十分守时,同时他也是工作狂,日程安排得满满当当的,约好时间后迟到是大忌,他不像其他特质的客户一样会留面子等待。

(2)我曾带过一位绩优销售,她每次去拜访那位身为公司一把手的D特质客户时,都是约在早上大家还没上班时。客户公司8:00上班,她告诉我,客户一般7:30就到了办公室里,而她每次都会在7:20在客户办公室门前等候。见面后,对话也非常简短,没有寒暄天气、穿着,而是开门见山的三句话:①目标——王总,我今天找您是跟您汇报某某项目的解决方案。②价值——这项改革对您而言很重要,可以在某某流程进行优化,节约人工成本。③提问——我做了份项目书,重点都标注了,您看有什么疑问或还需要了解什么细节,我再向您详细说明。

点评:在拜访D特质客户前,要做充分准备,争取用最短的时间将本次拜访的重点、可以带给他的价值进行突出说明,然后征询他的意见,这样既突出了要点、提高了效率,还可以进一步探明D特质客户的关注点,有的放矢。

I特质客户——影响者

看重的价值:兴趣、新奇、趋势、社会认同。

基本需求:表达、表现、受到表扬。

简单识别:办公室里往往摆放了很多东西,有时杂乱无章。喜欢摆放奖杯、荣誉证书,还有自己的个人照片、与朋友的合照以及五颜六色的小饰物等。

衣着靓丽,颜色鲜艳,即使是男性I特质客户,也爱穿浅粉、鹅黄、嫩绿等光鲜的衬衣;女性的I特质客户更是经常更换衣服,一见面,老远就打招呼:"你看我这衣服怎么样?好看吗?"I特质客户,即使发型、鞋子,都与众不同。

喜欢面对面沟通,能面对面就不要打电话,能拥抱就不要握手。

爱发表情图片,即使发条微信,回复一个"好的",也要附加各种表情图片。

调频Tips：

访前准备：激发兴趣、激发创意。

访中注意：热情相处、建立关系、动作接触、提供让其帮忙的机会。

缔结承诺：考虑他的基本需求，被看见、被认同、新奇有趣、与众不同。

实战分享：

I特质客户非常爱表达，每次拜访I特质客户，不用你绞尽脑汁找话题，他自己更怕尴尬、害怕冷场，会主动打开话匣子，收也收不住。业务员小李有一个I特质客户，经常只拜访这位客户一个人，一个上午的时间就过去了。回来后，经理问小李这么久都聊啥了，发现聊的都是"大事"：两会热闻、国际关系。那客户对我们的产品怎么看？有什么异议？客户的决策流程、购买流程到了哪一步？现在卡在什么地方？这些都没聊。

点评：与I特质客户沟通时，需要注意目标与时间，在不影响沟通氛围的情况下，一次次把话题拉回到你的拜访目标上来。

对于关键的I特质客户，记住他的生日，帮他举行一场热闹、开心的生日PARTY，可以帮你快速成单，这方法屡试不爽。

对于非关键的I特质客户，也不要冷淡处之，他是你最好的情报员。很多I特质客户虽然并非一把手，多居副职，但与各部门甚至业内的相关人士的关系良好，朋友颇多，左右逢源。请他帮忙，能转介绍不少新客户，促成不少单子，事半功倍。

S特质客户——支持者

看重的价值：人，关系，安全、稳定的环境，帮助他人的机会。

基本需求：人缘好、被接受、亲切、安全。

简单识别：衣着外表没有太多特点，往往打扮得中规中矩，和大多数人保持一致。

注重亲情、家庭，办公桌上常摆着家人的照片。有的S特质客户的办公用品上也会贴着自己的名字。

说话轻言细语，随和亲切，与人为善，为人考虑。

调频 Tips：

访前准备：朋友故事。

访中注意：稳步铺垫、表现传统、让其先说、多聆听、多微笑、给安全感。

缔结承诺：适当时候可帮忙做出决定。

实战分享：

(1) 面对 S 特质客户，销售人员最开心也最不开心。开心是因为 S 客户容易接触，没有架子，不会冷言冷语，还经常考虑你的感受；不开心则是你跟她容易接触，竞品的销售跟她也容易接触。沟通很长时间，关系不温不火，就是不签单，仿佛一壶烧得温热的水，不凉也不热，总也沸腾不了。

点评：对于掌控采购决定大权的 S 特质客户，有一种有效的方法就是让圈内公司、业内同行影响他们。S 特质客户注重安全感，当他们看到其他公司都用了这个产品，评价也不错，他们一般就愿意尝试了。

(2) 曾经，负责对接一个公司的销售人员在两年内换了三个，等到新人再去交接时，S 特质客户明显连一贯温和的态度都没有了，对公司失去了信任。

点评：S 特质客户恋旧，不喜欢改变，看重长期关系，所以忌讳对接的销售人员换得太勤。

C 特质客户——思考者

看重的价值：正确、规划、条理、精益。

基本需求：秩序、安全、专业技术或获取知识的机会、质量。

简单识别：穿着简洁、专业、重品质、不花哨。

办公室非常整洁，分类清晰，一尘不染，连电脑、电源线都精心地放好；也有的 C 特质客户并非如此，你能发现虽然他的摆设没那么整洁，但又很有条理，需要什么，他自己一下子就可以拿到。喜欢书面沟通，不喜欢见面聊天。

调频 Tips：

访前准备：充足、客观的证据。

访中注意：注重事实、有逻辑、提供更多的数据、精确分析过程、保持安全距离、不要催促迅速作决定。

缔结承诺：用总结好处的方法，然后容许对方有多一些的时间来作决定。

实战分享：

（1）曾有一个令人惋惜的案例，这个单子跟进了半年，终于只要大老板同意，这个单子就成了。事后分析这个老板为 C 特质。老板的办公桌比较大，这位销售人员开始坐在老板对面，后来就想跟这位老板距离近些，也方便把资料的重点指给他看，就从老板的办公桌前走到老板一侧，在指着自己公司资料的同时，还顺便抬头看了两眼他的电脑，后来这个单子莫名其妙地就没有下文了。这个销售人员百思不得其解，事后想办法请关系不错的部门经理出来喝酒，才得知老板就是忌讳这个销售人员擅自挨自己那么近，还看自己的电脑，"非常没有规矩"。

点评： C 特质客户的防范意识较强，一定要注意遵守他的安全距离。

（2）我刚做业务时，比较毛躁，当时最大的客户也是 C 特质，我第一次提交的项目书只有 10 页，她仔细阅读了半个小时，标点、图片不对的地方，她都给圈出来。对于不确定的数据，也打上问号，看完就让我回去改，我请教老同事、看书、查资料，没日没夜地改了三天，精心制作成 30 页的项目书，她阅读了一小时，还是到处修改……经过这个 C 特质客户的指点，我变得严谨、有逻辑、精益求精起来。现在回想起来，我非常感谢当年能遇到她，虽然这就是她的做事风格，但对当时年轻的我来说，真是受益良多。

点评： 多年的销售经验让我明白，面对 C 特质客户，你最好成为这个领域的专家，至少不能讲外行话，才有与 C 特质客户深度对话的机会，否则无法赢得 C 特质客户的尊重。

知己解彼、精准"赢"销

销售就是与人打交道，而每个客户的脾气、秉性不一样，每个销售人员的脾气、秉性也不一样。

对于 D 特质的销售人员而言,客户抱怨他,"自从他来了之后,我就一直被安排,不知道谁才是甲方"。而另一方面,我又看到 D 特质的销售人员有超强的目标感、超快的执行力。客户说个啥,D 特质的销售人员即使在吃饭,也会马上联系,他的饭还没吃完,就给客户解决了问题。

对于 I 特质的销售人员而言,客户抱怨他,"答应得特别好,描绘得特别美,一落地就打脸"。而另一方面,我又看到 I 特质的销售人员如火的热情、整天开心的样子,他们的状态感染了不少客户。

对于 S 特质的销售人员而言,客户抱怨他,"行动缓慢、优柔寡断、缺乏新意"。而另一方面,我又看到 S 特质的销售人员善于倾听、谦逊稳健、耐心体察,深得客户信任。

对于 C 特质的销售人员而言,客户抱怨他,"高冷少言,有距离感"。而另一方面,我又看到 C 特质的销售人员专业严谨、注重细节、缜密周到,办事让客户十分放心。

其实每种特质的销售人员都有其特点,用对了情境,就是优势,就可以赢单;用错了情境,则是劣势,就被迫丢单。每个人身上都有 D、I、S、C 这四种特质,只是比例不同,而且是可以调整的。正如海峰老师所说:"无优无劣是特点,有优有劣因环境,分辨优劣靠敏感,扬长避短是能力。"关键是随时调整自己的 D、I、S、C,调整力有多大,影响力就有多大。

要理解客户,先要认识自己。认识自己是一辈子的功课。知己解彼,客户不理解自己,一定是因为自己没能理解客户。看到自己和他人在性格和行为风格上的差异,就能更好地理解他人,不把自己局限在"我以为"中,从而精准"赢"销。

叶红

DISC+授权讲师A4毕业生
西安欧亚学院讲师
西安交通大学博士及EDP中心项目经理
可复制领导力研究院原副院长及授权讲师

扫码加好友

开放思维
——有限边界，无限沟通

随着人工智能时代的到来，大量工作人员面临被机器替代的危险。越是简单、机械的工作，越容易消失；越是人性化（需要领导力、社交力和创造力等）的岗位则越稀缺。从长远来看，决定个人竞争优势的无非两点，一个是不可替代的专业素质，另一个是受人欢迎的性格特质。无疑，如果一个人懂得沟通，那么他就有更多机会赢得他人的欢迎，更有能力向他人充分展现其专业素质，也更容易在社会上获得成功。

如何成为一个会沟通的人呢？英特尔前首席执行官安德鲁·葛洛夫曾说："我们沟通得很好，并非决定于我们对事情述说得很好，而是决定于我们被了解得有多好。"如果说DISC解释了人们在面对不同情境时如何采取行动，那么沟通视窗则通过揭示为什么人们会存在沟通瓶颈，为我们提供了破题的基础。

改善认知的重要工具——沟通视窗

沟通视窗又称"乔哈里视窗"，它是一种"自我意识的发现——反馈模型"，是帮助我们获得他人对我们的尊敬和信任的重要基础，最初由美国心理学家约瑟夫·卢夫特和哈里·英厄姆于1955年提出。这个理论将我们每个人人生当中所有的信息比作窗子,根据"自己知道——自己不知"和"他人知道——他人不知"这两个维度,把窗子分为四个象限,即公开象限、隐私象限、盲点象限、潜能象限。

公开象限

公开象限指自己知道、别人也知道的信息,比如人的姓名、性别、外貌、身高、体重等信息。

一般而言,一个人的公开象限越大,他的影响力也就越大。比如,公众人物的公开象限就比普通人的大得多,普通人会受公众人物的影响,给予他们尊敬和信任。同时,公开象限过大也会给公众人物带来问题,即他们的隐私会受到干扰,进而妨碍正常生活。

隐私象限

隐私象限是指自己知道,但是别人不知道的信息,也就是通常我们说的心里的小秘密。隐私象限的信息往往可以分为三层:

第一层叫作 DDS(Deep Dark Secrets)——没法说的秘密。人是可以有 DDS 的,但是过多的 DDS 会带来压力,甚至造成焦虑症,所以尽量不要让自己有太多的 DDS,同时也不要随便打听别人的 DDS。

第二层是不好意思说的信息,比如对同事的不满或一些心照不宣的想法。这类信息有时会给我们带来很多人与人之间不必要的隔阂。在职场上,如果有些问题长期不好意思向上反馈,让领导成为最后一个知道坏消息的人,可能会带来巨大的损失。

第三层是忘了说的信息,就是我们以为别人都知道,或者因为自以为太大众化了或者太不重要了而没有让别人知道的信息。在职场上,有很多领导面对新员工时就是这样,"这么简单的事情,你都不知道么?"很抱歉,对于没有经验的人来说,很多事情他们是真的不知道,这就是知识的诅咒。这类信息是我们隐私象限里面最大的一块,最好的做法就是说出来。

盲点象限

盲点象限就是自己不知道但是别人知道的信息。盲点象限过大是一件很危险的事,甚至第一次被别人指出盲点象限的时候,人们往往会尴尬、恼羞成怒、怀疑……但发现盲点就是发现改进的机会,这对于个人和组织来说都是非常重要的。如何克服一个人的盲区,简单来说就是闻过则喜、闻过则拜、闻过则思、闻过则问。团队领导如果能做到闻过则喜、闻过则拜、闻过则思、闻过则问,那么就容易在团队中形成"有则改之,无则加勉"的氛围,有利于业绩的提升。

当然,盲点象限也不一定都是缺点,可能在别人眼里,反而是个优点。

潜能象限

潜能象限就是自己不知道,别人也不知道的信息,是这四块当中最大的。我们要相信,我们的体内潜藏着巨大的才能,但这种潜能酣睡着,一旦被激发,便能促使我们做出惊人的事业来。我们要去努力挖掘自己的潜能象限。

对于个人而言，要通过恳请反馈，更多地了解自己，通过自我揭露，让自己的优势信息尽可能多地被他人了解，并尽量挖掘自己的潜力区域，让自己的开放区域越来越大；对于团队而言，要善用沟通视窗，发展信息共享的组织文化，形成积极开放的沟通氛围，拓展良好的合作空间，增强自信、互信、他信，共同推动组织目标的实现。

如何扩大公开象限？基于对自我的认知和了解，可以借助 DISC 开放思维，通过不同的沟通工具，来实现自我改进。

D：目标确认，消除知识诅咒

"这事儿是我让你干的吗？"

"给你布置的工作三天都没信儿，干吗去了？"

"你问过我吗？这事儿你敢自己定！"

"不要让我再说第二遍！"

这些话是不是听起来很耳熟？很多领导都是在使用这种方式与员工进行沟通，而问题存在的根本原因不是对或错，而是彼此陷入了知识的诅咒中，这是 D 特质人士比较容易遇到的问题。

D 特质人士是支配型的指挥者，他们追求成功的动机极强，自信、果断、喜欢挑战。对于他们来说，"没有做不到，只有不去做"，对追求效率第一的他们来说，沟通最大的阻碍来自其较强的主观意识和以自我为中心。D 特质人士通常没有耐心、不善于倾听、不重视细节。

因此，扩大 D 特质人士的沟通公开象限最有用的工具是"工作布置五步法"。在日本，大公司给员工布置工作时，会讲五遍：

第一遍，告诉员工需要做什么；第二遍，让员工重复一遍；第三遍，让员工分析做这个事情的目的；第四遍，让员工分析如果遇到意外怎么办；第五遍，问对这件事情，员工有什么想法和建议。

用在日常工作中，对话流程可以这样设计：

领导 D："小张，咱们部门准备在下个月底做一次团建，就在西安周边找个好点的景点进行,由你来策划,9月10日之前把方案交给我!"

小张:拿个随身笔记本,边倾听,边记笔记,简单反馈道:"好的,领导您看下是不是这样——团建时间在月底,地点在西安周边的好景点,提交方案的截止日期是9月10日?"

领导D:"是的,就是这样。"

小张:"领导,为了做好方案,我再确认一下几个信息,咱们做这件事的目的是为了加强团队凝聚力,除此之外呢?"

领导D:"也是为了让大家放松一下。"

小张:"好的,那我初步做个计划,对于可能出现的问题,我再拟定一个风险预案,您看是否可行?"

领导D:"很好,还有什么想法?"

小张:"嗯,关于这个方案,我想请您给我提供的支持和帮助是……"

领导D:"没问题,出现A、B、C问题要记得及时向我汇报,等你反馈方案。"

通过彼此开放探询式的对话,可以帮助D特质人士既把握问题的关键环节,也能保证尽可能扩大信息的开放象限,避免信息不对称所带来的不确定性风险。

I:认真倾听,拒绝信息盲点

很多人都以为I特质人士是影响型的社交者,沟通能力一定很强,但实则不然。I特质人士天生信赖他人,有主动交流、沟通的热忱,有友善、开明的作风,有敏捷的思维,点子多,说服力强,常能够让人心悦诚服地跟随。

但I特质人士在沟通中的弱势则是,他们的兴趣、爱好广泛,注意力很难持久,一旦感到乏味或者遇到困难,就会通过回避来结束沟通,他们也容易只顾着自己说得开心,而忽略周围人的反应和言外之意。试想一下:

领导A:"小I,你这个想法真挺有意思的,你想试也可以,去吧!"

I有两种选择,试还是不试?中国语言最绝妙的地方就是,放在不同的语境中,使用不同的节奏和重音,就能表达不同的意思。如果不去揣摩话中话,就很可能会踩坑。因此,对于I来说,增强沟通优势的重要武器是保持开放的结构化倾听。

结构化倾听就是作为倾听者,在接收到信息后,别忙着回应,先在自己的脑海中画出三个格子,放上三个东西——情绪、事实、期待。

情绪,是指我们听到或感受到的高兴、难过、兴奋、生气、失望、焦虑等心理反应的外在表现。明显的情绪比较好识别,但还有一类隐藏的情绪就需要我们去识别,比如,当听到"总是、永远、每次"这些词时,往往代表了对方的某一种情绪。这个时候,我们要做的不是争辩,而是安抚情绪,将解决情绪永远放在解决问题之前。

事实上,我们通常认为那些可考证、可追溯、不受主观判断影响的内容,所描述的才是事实。怎么判断事实? 非常简单,就是利用 4W 法则,如果一个事情能用 Who(何人)、When(何时)、Where(何地)、What(何事)还原出实际场景,那么它大概率就是事实。而仅仅是从"我觉得""我判断""我认为"这样的主观推论而得出的事情,那大概率就不是事实。

期待,就是结合前两个,来判断对方的期待了。比如,我们听到"小 I,你怎么老是不听我把话说完",那我们就能注意到对方是在对小 I 多次打断其讲话有了不满,甚至因为没有听完、听懂而做了错事,那么对方的期待就是"听我说完话,尊重我,理解我的要求"。这个时候,我们可以说:"对不起,打断您的话了,我听到您刚才说了 A、B、C,您的意思是不是说……我理解得不到位,您再给我指导指导。"

S:学会拒绝,建立任务边界

S 特质人士在人群中广受欢迎,他们的个性温顺、谦和、忠实、可靠、真诚、耐心地关心他人的感受。他们不独断,善于扮演支持者的角色,在遇到争端时,他们往往是很好的调停者,也善于建立亲密、友好、互信的人际关系。但也正因为渴望平和、害怕冲突,他们会表现出脆弱、敏感、不容易拒绝别人的一面。因此,对 S 特质人士来说,沟通最大的挑战是学会拒绝。

首先,S 特质人士要建立明确的个人边界。建立个人边界的实质就是建立自我认同,先自爱,再谈爱人;先做好自己的本职工作,再去帮助他人解决问题。越担心拒绝会惹人不快,越是会损害人际关系。古人说的"穷则独善其身,达则兼济天下"正是个人边界的重要表现。

当然，拒绝要讲究方法，可以使用 VAR 技巧：

Validate（证实），确认对方的处境和问题。以检验的语气开头，承认并肯定你理解对方的处境，能够体会问题的重要性。比如，"我知道你现在准备这份材料挺着急的，这件事对你来说很重要"。

Assert（坚持自己的主张），真诚、明确地说"不"。拒绝一定要明确，否则拖延时间或找借口反而容易酿成恶果，破坏彼此的关系，而具体的、坚定的拒绝可以减少不确定性所带来的不适。

Reinforce（强化），在拒绝后，告诉对方你为对方着想的地方或者能提供的解决方案。

比如，在公司领导组织的重要会议上，老王想要请假早走，让会务小 S 代为请假，那么小 S 就可以说："王老师，我知道您参会有困难（确认现实），但实在不好意思，这个要求我真没法答应您（直接拒绝）。会议的召集人是 A 总，我没有权力替 A 总决定是否准假（表明边界，说明理由）。我建议您将您的情况直接向 A 总说明（提出建议），我这边也帮您安排在靠门的位置，如果 A 总准假了，您也方便不留痕迹地退场，您看这样可以吗（提供帮助）？"

通过这样的方式明确边界，既能够有效拒绝，也保持了沟通的开放性，让对方不至于因为被拒绝而恼羞成怒。对于 S 特质人士来说，学会拒绝是提升个人沟通能力的必修课，不妨从练习使用 VAR 开始。

C：结构专业，拒绝信息冗余

C 特质人士是谨慎的思考者，这意味着他们有被动的一面，在沟通中，只有他人要求时，才会发表意见；但同时，他们也有主动的一面，一旦他们准备好发表意见，一定会准备充分。他们容易成为某个领域的专家，将事情的前因后果、起承转合说得清清楚楚、明明白白。可是很多时候，当我们追求沟通的效率时，就很难给予 C 特质人士充足的时间进行表述，这个时候，对于 C 特质人士来说，简洁明晰的结构化表达就很有必要练习了。

通常，我们会使用 SCQA 进行结构化表达，具体操作如下：

S(Situation):情景。由大家熟悉的情景引入。

C(Complication):冲突。这样会带来的矛盾。

Q(Question):问题。站在对方的立场,提出疑问。

A(Answer):答案。给出可行的解决方案。

通过这四个元素,形成良好的沟通氛围,然后带出冲突和疑问,最后提供可行的解决方案。

这个结构被广泛应用于各个领域,比如广告文案:

得了灰指甲——陈述背景(S)。

一个传染俩——在这个背景下,发生了冲突(C)。

问我怎么办——站在对方的立场,提出疑问(Q)。

马上用亮甲——给出解决方案(A),这是文案要表达的重点。

在具体应用中,除了标准的SCQA,我们也会根据不同的目的来调整顺序:

第一种:CSA——突出忧虑式

C:老婆,你要是有急事找我,可我的手机就是打不通,你说着不着急?

S:我的手机最近不知怎么了,总是自动关机,工作上倒是没什么特别要紧的,但我怕你有事时找不到我。

A:听说我这款手机用久了就是有这毛病,不过现在有一款新手机,人称"靠谱老公专款",信号好、不死机,你说我应不应该换成这款手机?老婆,你最通情达理了,要不是怕你担心,我其实真可以再对付一段时间,明天某东上的手机有优惠活动,那我就先买一个吧,只要老婆满意,花点钱我也愿意!

第二种:QSCA——突出问题式

Q:我最近的工作状态特别差,工作效率极低。

S:因为每天需要花大量时间来移动办公、打电话,而且还需要给顾客拍照传过去。

C:可是我这个苹果6s,不仅电池有问题,还不具备景深功能,屏幕也不大,内存也小,打开应用的速度也慢。为了让工作高效点,真想换手机。

A：我看了256G的苹果13 Pro就是有点贵,不过能对工作有帮助,以后还会挣回来的。

第三种：ASC——开门见山式

A：老婆,给我买个新手机吧!

S：主要是我现在每天需要大量时间来移动办公、打电话,而且还需要给顾客拍照传过去。

C：在用的苹果6s的电池、拍照、内存都无法满足我的工作要求,工作效率低下,我的客户和领导都对我产生了极大的不满。

对于C特质人士来说,说得多不如说得精,说得全不如说得准。结构化的表达能够帮助C特质人士快速呈现经过逻辑思考后的要点,也是提高沟通效率的重要法宝。

第五章

多面思维

胡如海

DISC+爆款课程开发H1毕业生
中基层管理者效能提升导师
生生不息催眠疗愈师/NLP教练
上海交通大学安泰经管学院MBA（优秀毕业生）

扫码加好友

时间管理
——高效修身，赋能人生

时间管理是个老话题，相信注重个人成长的伙伴，或多或少都学习过一些时间管理的理论和方法，但是实践时并不那么容易做到位。我在一家清洁能源央企里从事班组管理、国际合作、科技管理等专项管理工作，同时是集团授权的内训师，还是一个二孩父亲，总感觉时间不够用。

因此，我长期研究和践行时间管理的理论和方法，也希望能帮助更多的同事和伙伴提升自我效能。学习 DISC 后，我发现将 DISC 用于时间管理中，能帮助我们更好地认知自己，看到自己的盲点和不足，并使用有针对性的策略和工具来解决自己的时间管理难题。

时间管理的认知

现代管理学之父彼得·德鲁克强调，"时间是最高贵而有限的资源，不能管理时间，便什么都不能管理"。

我经常会问学员："什么是时间管理？"得到的答案大部分是"在同样时间内做更多的事"，也有少数学员提到"实现人生最大效能"。如何给时间管理下个定义呢？我比较喜欢的定义是：时间管理指的是持续引导某个人去改变其工作方式和生活习惯,并高效利用时间,从而提升工作效率、改善生活品质,过上更丰富和更有意义的生活。

该定义指出了时间管理的目的,不只是提高工作效率,更重要的目的是改善生活品质、过上更丰富和更有意义的生活;时间管理的方法是改变工作方式和生活习惯,并高效利用时间。养成习惯后,我们在重复相关正向行为时,便不需要消耗稀缺的自控力。

或许将时间管理分成狭义和广义两个角度,更容易理解:

狭义的时间管理追求的是做到准时、提高做事的效率。

广义的时间管理除了要求做到准时、提高做事的效率外,还要求基于人生目标来选择当下的行动,重在提高中长期乃至一生的效能。

彼得·德鲁克强调"时间管理是一种决策,时间管理的本质在于把尽量多的时间用在正确的事情上,即能创造最大收益、创造最大价值、最值得做、最应该做的事情上。其核心不是提高效率,而是对事务的决策。决策做什么,不做什么,决策的原则是聚焦贡献、要事优先、用人所长(发挥优势)"。

时间管理的理论和方法比较多,但是能真正掌握的人并不多。这里面除了缺少环境支持、意志力不够等常见因素外,有一个更重要的因素是未基于对自我的深刻认知,去选择合适的工具和方法。

时间管理的典型问题及对策

D、I、S、C 这 4 种特质是个人的行为特点。为了更精准地诊断 4 种不同特质的人在时间管理方面的典型问题,我向 DISC 授权讲师和顾问发起了问卷调查,回收有效问卷 31 份。

基于每个人身上的 D、I、S、C 比例不同,即使两个 D 特质表现明显的人,他们在时间管理方面遇到的问题也不完全一样,下文给出的对策供读者朋友们参考选用。

D 特质人士的典型问题及对策

D 特质人士在时间管理方面排名前 5 的问题如下表所示：

选 项	小 计	比 例
过于追求效率，给团队成员带来过多压力	23	74.19%
没有想清楚就急着做事，容易返工	15	48.39%
工作安排过满，较少安排学习时间	13	41.94%
注重做短期出成果的事，缺少中长期计划	13	41.94%
工作、生活不平衡	12	38.71%

整体而言，D 特质人士一般比较注重做事的效率，但是上升到效能的层次，D 特质人士需要注意理清思路、合理安排工作、思考中长期的目标和计划等。

针对 D 特质人士的典型问题，建议应用"追悼会策划"和"生命平衡轮"等工具来解决相关问题，具体如下：

找准人生大方向——追悼会策划，以终为始

D 特质人士追求实现一个又一个的目标，但较少去思考"我这一生追求的到底是什么？什么事情是真正能让我幸福和快乐的？"《高效能人士的七个习惯》的作者史蒂芬·柯维博士在正式阐述"以终为始"的习惯前，特意带领读者去体验了一个追悼会场景的心灵之旅。王潇在《五种时间》中提出了"追悼会策划"的方法，引导读者提前思考人生终局，并依据这个终局来思考和决策今天的"有所为"和"有所不为"。

追悼会策划的几个核心问题如下：

第一，纵览你的人生，你希望自己的生平是如何书写的？你是一个什么样的人？在家庭中，你是什么样的？在工作中，你又是什么样的？在一生中，你实现了哪些成就？你希望对周围的人施加什么样的影响？

第二,你希望刻在墓碑上的墓志铭是什么?

第三,在亲人、朋友、同事等人中,你希望邀请哪些人来参加你最后的仪式?你对他们的生活产生了什么影响?你希望他们如何评价你?

对D特质人士而言,如果能提前想清楚人生终局,并以人生目标,也就是自己最重视的期许或价值观来决定做什么、不做什么,这样在做事前,就能先认清方向,想清楚之后再行动,可避免返工,更可以避免长期拼命埋头苦干,到头来却发现追求成功的梯子搭错了墙。

当然,如果你觉得"追悼会策划"过于悲伤,感觉不吉利的话,可以将其变成"退休欢送会策划",想清楚"你希望在这个退休欢送会的场合里,如何总结你的人生上半场,又将如何开启人生下半场"。

生命平衡轮

顶级教练、埃里克森国际学院的院长玛丽莲·阿特金森博士提出了"生命平衡轮"理论,她认为人的生命可以分为八个方面:健康、家庭、事业、爱情、休闲、财富、成长、朋友。樊登在《可复制的领导力》中指出人生均衡发展的八个方向:事业、健康、家庭、人脉、理财、学习、休闲、心灵。玛丽莲·阿特金森和樊登的用词略有区别,但是本质相似。

D特质人士在追求实现一个个短期目标的时候,容易忽略家庭、个人健康、学习成长、朋友关系等对个人发展及获得幸福生活而言很重要的因素。生命平衡轮的八个方面,如果长期不均衡,工作和生活一定会出问题;短期的不均衡尚可通过定期的反思、检视能识别出来,并通过一定的补救措施来优化和提升。当然,我们不需要追求每个方面都做到90分(优秀水平)以上,但是每个方面都不能低于60分,尤其是放到一年的时间里来看。

推荐D特质的伙伴定期利用生命平衡轮工具对自己的工作和生活进行一次全面检视,可参考下表的月度检视模板。检视之后,D特质人士一般能发现自己可以改进的地方,也能明确下一步的目标和计划,然后利用其超强的行动力去实现均衡的目标。

如无法做到每月进行反思,也可以依据此模板,按季度进行反思。

检视人	月度
健康	事业
·运动:目标是多少、完成情况如何、未完成的原因是什么 ·体重:变动情况 ·其他异常情况及原因	·记录专项工作取得了哪些实质的进展,与计划相比,是否有滞后?原因是什么?
学习(成长)	家庭
·阅读:目标及实际完成情况 ·网络平台学习情况 ·理论践行、专业精进(比如考证)	·陪家人的时间 ·亲子关系情况 ·婚姻关系情况
财富	休闲
·股票/基金状态 ·个人支出情况 ·其他财富情况	·休闲活动安排
心灵(修行)	社交(人脉)
·个人内心是否更加平静?情绪是否更加稳定? ·是否种下了更多好种子?	·工作方面的社交 ·学习圈及校友圈社交 ·亲戚朋友的交际
下个月计划	
围绕八大方面,梳理自己下个月的重要任务或项目,将其列入计划中。	

I 特质人士的典型问题及对策

调查发现,I 特质人士在时间管理方面排名前 5 的问题如下表所示:

选项	小计	比例
轻易做出承诺却容易忘记	26	83.87%
对事情只有短暂的热情，无法坚持到最后	22	70.97%
无法专注地做事（注意力不集中）	15	48.39%
注重做短期出成果的事，缺少中长期计划	15	48.39%
不知道真正想要的是什么，表面风光、内心空虚	15	48.39%

I 特质人士喜欢社交，对人的感受比较敏感，在事情落地方面，可能存在较明显的短板。比如，容易忘事、不专注、只注重短期、无法坚持等。

针对 I 特质人士的典型问题，建议应用"随时收集（记录）不忘事"和"番茄工作法"等工具解决相关问题，具体如下：

随时收集（记录）不忘事

相信伙伴们都有过忘事的尴尬经历。第四代时间管理理论 GTD 的创立者戴维·艾伦在《搞定》中强调，"你的大脑是用来产生好想法而不是储存它们，你需要想办法让好想法仅仅出现一次"。不管你想到的事情是什么，在一段时间内，你累计为它花费的精力、心力和情感能量，远远超过你在它一冒头就处理或者决定暂时搁置它所真正花费的精力。如果你没有把小事妥善处理好，它们就会削弱你认识大问题的能力，至少让你看不清大问题。

瑞士巴塞尔大学的研究发现：遗忘是大脑的一种自我保护机制。通过遗忘，大脑删除一些不必要的信息，腾出空间，让神经系统正常运转。所以，完全靠大脑记住各种事情，不仅不靠谱，而且会严重减少大脑的产出。

为了不忘事，建议伙伴们想到什么就记下来——随时随地，不需要固定载体，纸质本子、手机 APP、便笺纸都可以，这相当于给大脑外接一个移动硬盘，把事情从大脑中转移出来，让大脑可以转得更快。

用于记录的纸质工具，推荐伙伴们使用效率手册，比如趁早、萌姐、得到等平台的效率手册；用本子不方便记的时候，推荐使用手机 APP，比如滴答清单、印象笔记等方便、易操作的工具。

工具准备好后,请伙伴们试着去践行随时记录吧,去体验记下来后内心的淡定和大脑的轻松,也提醒伙伴们不要忘记定期看看自己记录的事项,有序落地,做完一项任务打个钩,在打钩的那一刻,内心的快感是很美妙的。

番茄工作法

I特质的伙伴喜欢猎奇,专注做事对其而言或许是一个大的挑战。每当我们做事遇到困难的时候,手机都会发出热情的呼唤:"来我这边吧,这边又温暖又好玩。"大多数人或许无法拒绝这份热情的呼唤,这对专注带来了极大的挑战。番茄工作法可以帮助我们有效地解决此难题,大幅提高专注度。

番茄工作法是意大利人弗朗西斯科·西里洛提出来的,是全球最流行的时间管理方法之一,其基本操作流程如下图所示:

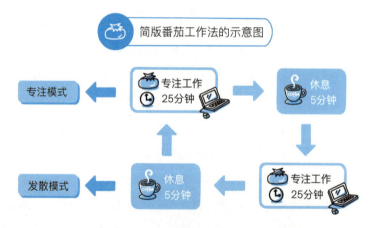

简而言之,就是选定一项特定的任务,利用番茄钟或其他APP设定25分钟的倒计时,在这25分钟内专心投入此任务,不要干任何其他事情,包括喝水和接电话等琐碎的事,直到时间到达25分钟。到了25分钟后,可以短暂休息5分钟,这5分钟可以做类似喝水、上厕所、舒展身体等事项,同时也放松大脑,让大脑思考一下刚才25分钟专注执行的思路是否合适。时间到了之后,接着进行下一个25分钟专注执行和5分钟短暂休息的环节。

配套番茄工作法使用的工具包括实体的计时器,也可以使用手机APP,推荐使用 FOREST 和 FOCUS，其中 FOREST 具备社交属性，能帮助我们管住自己玩手机，所以重点推荐。

如果你能在 25 分钟内专注地做一件事，并且不受打扰，这将是一个美好的开始。如果你能坚持 100 个这样的 25 分钟，你会发现你的工作、生活已经有很大的不一样了，或许很多被拖延的大块头任务都获得实质性的突破了。I 特质的伙伴们，一起行动起来吧。

S 特质人士的典型问题及对策

S 特质人士在时间管理方面排名前 5 的问题如下表所示：

选项	小计	比例
不会拒绝，花费大量时间去满足他人的需求	29	93.55%
目标感不强，以被动执行为主	24	77.42%
角色意识偏弱，容易遗漏重要的任务	19	61.29%
经常分不清楚轻重缓急，抓不住重点	16	51.61%
习惯做重复的事情，能力提高慢	16	51.61%

有几个 S 特质的朋友真的是人生幸事，但对于 S 特质的伙伴而言，在发挥其支持者的优势时，也需要同步关注其不会拒绝、缺少主动性、角色意识偏弱、不会判定优先级、不习惯变化等弱项。

针对 S 特质人士的典型问题，建议使用"角色分析法"和"重要紧急四象限法"这两个工具来有针对性地解决问题。

角色分析法

在职场中，一个通用的做事原则是"角色做事、本色做人"，在生活中亦是如此。在职场里，每个人都有自己的角色，履行好自己的角色职责是生存和发展的基础。角色分析法能帮助 S 特质的伙伴理清自己的角色，从而制订合适的计划，在计划的

指引下合理安排帮助他人的时间。具体操作的关键点如下:

第一,列出自己的主要角色,每个角色安排1~3项要事作为周目标。

第二,考虑自我升级的时间,关注身体、情感、精神。

第三,以周为单位,列出日程安排,每日依据突发事件及新的机会点进行适度调整。

依据角色分析制订周计划后,遇到他人求助时,建议S特质的伙伴先思考片刻,再确定是否答应,判断的原则是对自己的计划是否有特别大的冲击,如冲击较大,则建议委婉拒绝;如没什么冲击,则可以接受他人的求助。

角色分析法也可以用于对职场和家庭中的综合表现的评估和反思,引导自己主动思考工作和生活的目标,有利于解决"目标感不强,以被动执行为主""角色意识偏弱,容易遗漏重要的任务"等问题。

重要紧急四象限法

重要紧急四象限法是时间管理领域传播最广的一个工具,主要用于解决优先级判定的难题,在实际应用时,将需要做的事情分别放入四个象限里,具体分类方法及举例如下表所示:

重要、不紧急 比如,管理改进、重大项目复盘、运动健身、阅读学习	重要、紧急 比如,临近截止日期的项目任务、汇报材料、生病去医院
不重要、不紧急 比如,刷微信、逛淘宝、玩游戏、闲聊、生闷气	不重要、紧急 比如,临时会议/访客、翻箱倒柜找资料、查看并回复某些邮件

推荐的事情执行顺序如下:

第一,优先处理重要、紧急的事,抓紧处理掉眼前的"一地鸡毛"。

第二,处理重要、不紧急的事,避免重要、不紧急的事转变成重要、紧急的事。

第三,对于不重要但是紧急的事,可做可不做的尽量不做;非做不可的事,用尽量短的时间完成,保证满足最低质量要求即可。

第四,对于不重要、不紧急的事,尽量少花时间,减少其中隐藏的大量时间浪费。

最容易拖延的事是重要、不紧急的事,但是职场人的"段位"高低与其重要、不紧急的事情所花时间的占比呈现强相关性。

对 S 特质的伙伴而言,学习新技能、重要项目的推进等重要、不紧急的事情,如能得到优先安排,其核心竞争力会显著增强,也会因此而提高主动性,工作和生活状态会发生本质变化。

C 特质人士的典型问题及对策

调查发现,C 特质人士在时间管理方面排名前 5 的问题如下表所示:

选 项	小 计	比 例
追求完美,在细节上浪费较多时间	30	96.77%
没有想清楚就不愿意行动	26	83.87%
过于注重对错,影响团队协作	22	70.97%
经常分不清轻重缓急,抓不住工作重点	11	35.48%
习惯拖延,无法按时完成工作任务	9	29.03%

对于 C 特质的伙伴而言,在发挥其思考者的优势时,也需要关注追求完美、行动慢等弱项。

针对 C 特质人士的典型问题,推荐使用"三只青蛙计划法"来解决,具体如下:

三只青蛙的理念来自时间管理的经典书籍《吃掉那只青蛙》,青蛙指的是最重要的事,此书作者博恩·崔西在书中提出了三条吃青蛙的定律:

第一,如果你每天早晨醒来,做的第一件事是吃掉一只活的青蛙,你会欣喜地发现,这一天没什么比这个更糟的了。

第二,如果你必须吃掉两只青蛙,一定要先吃那只更大、更丑的。

第三,如果你必须吃掉一只青蛙,盯着它再久也没有用,必须动手去做。

这三条定律成为三只青蛙计划法的践行原则。在实际应用中,三只青蛙计划法最适用于制订一天的计划,每天从月度目标及临时任务中选择三个重要任务,作为当日的三只青蛙。选择青蛙时,可参考我总结的"青蛙选择三原则":

第一，高价值的重要事务。

第二，预估完成任务的用时超过30分钟。

第三，工作、生活保持平衡，可采用2个工作方面的青蛙加上1个其他方面的青蛙的组合。

比如，胡如海4月12日的三只青蛙：

第一，完成中心月会纪要。

第二，完成《"十四五"信息化规划报告》初稿。

第三，阅读《复盘》50页。

依据"青蛙选择三原则"来选择当日的3只青蛙，并遵循"吃青蛙定律"，在一天中尽早安排时间去完成三只青蛙对应的任务，你会发现效能会快速提升。

当然，完全遵从"吃青蛙定律"并不容易，只要每天能筛选出三个重要的事作为当日的青蛙，并努力在当日完成，那些被我们拖着的任务或许很快就完成了。每天能完成三个重要任务或者在重要任务上有实质性的进展，自己内心的成就感也会大幅提升。

在实践中，特别建议伙伴们组团打卡践行，养成任何提升效能的习惯并非易事，一群人共同践行，可以提升参与人员的内在和外在动力。彼此的反馈和支持，也能让大家走得更快、更远。

C特质的伙伴应用三只青蛙计划法，将每天的核心精力聚焦在三只青蛙上，优先处理高价值的任务，拖延的状态必定会得到改善，在不重要的细节上浪费的时间也会因此大幅减少。

对于C特质伙伴可能有的"过于注重对错，影响团队协作"的问题，则建议通过定期的反思、检视来自我觉察，并在觉察中改善自己的心智模式。

内容总结

D、I、S、C四种不同特质的人士在时间管理方面的排名前5的问题和应对策略总结如下，各位读者朋友可依据自身情况选择合适的工具来践行，坚持践行是关键。

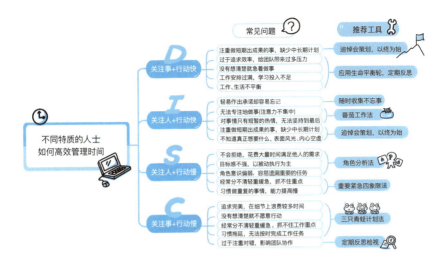

《大学》有云:"自天子以至于庶人,一是皆以修身为本。"修身是一辈子的事,知名课程设计开发和领导力专家田俊国老师也提出,"人修身的方向是在自己优势的阴影上"。祝愿大家积极选择与自己不同特质的朋友进行深度交流和碰撞,保持开放和学习的心态,在深度交流中彼此赋能,借此提升时间管理的技能和保持良好的习惯,持续修身精进,过上更丰富、更有意义的生活。

李坤鹏

DISC+爆款课程开发H1毕业生
科学嗨跑联合创始人及教练
国家二级裁判及运动员
北京公开大学优而秀即兴演讲教练

扫码加好友

教练思维
——科学健身，活力加倍

人人都知健身好，坚持到底没多少。不知道大家发现没有，身边嚷嚷着健身的人越来越多了。某宝、某东上的健身服饰的花样不断翻新，健身器械琳琅满目，仅健腹的就有健腹轮、健腹盘、脚蹬拉力器、仰卧起坐板、智能健腹贴……分类之精之细令许多健身从业者都叹为观止。你以为伴随城市化水平的不断提高、GDP总额的持续增长，"全民健身"的理念深入人心，那么健身房、健身角一定人满为患了吧？然而真相狠狠浇了我们一盆冷水，尽管有调查发现，有53.98%的人更乐于通过健身来提升自身的健康水平，但我们身边放弃健身的人远比每天坚持健身的人要多得多。

频频立目标，却常常拖到以后再说；一边花钱办卡，一边以各种理由放弃；最初高呼组团健身，最后变成组团逃课；看到"速效健身""7天练成小蛮腰"就马上收藏，结果收藏就等于练过……你或者身边的朋友一定有"中枪"的人吧？

坚持健身真的那么难吗？别说，还真有点难，因为健身在本质上是违反天性的。享受是人的天性，在远古时代，人们为了生存，需要储备高热量，这种刻在基因里的本能是出于对安全的底层需要。如果找不到驱动力，却要求自己每天坚持与惰性去斗争，这也太难了！因此，绝大多数人刚开始健身时，都无法只依靠自律坚持下去，本应该轻松、愉悦的健身反而会因为挫败感而逐渐演变成健身焦虑。

善用DISC，通过识别不同学员的行为倾向，有针对性地制订教练方案，让学员找到适合自己的终极目标、行动计划、激励手段，从被动说服到自我点燃，才能够让健身这件事变得有趣。

神奇的 DISC 教练思维

比尔·盖茨曾在一次 TED 演讲中说:"每个人都需要一个教练。"为何这么说?我们不妨从国际教练联盟(International Coach Federation,全球最大的专业教练组织,以下简称 ICF)为教练所下的定义来看,ICF 认为"教练经过专业的训练,来聆听、观察,并按客户个人需求而定制教练方式。他们激发客户自身寻求解决办法和对策的能力,因为他们相信客户是生来就富于创意与智慧的。教练的职责是提供支持,以增强客户已有的技能、资源和创造力"。

根据这个定义,教练技术发挥作用的核心就是通过提供支持,激发客户找到解决自身问题的答案。教练不是传道者,而是支持者,帮助客户发现自己的潜力和智慧;他关注的不只是技能训练,而是客户能力的拓展和习惯的培养;他面向的不是过去,而是未来;他像一面镜子,反映当事人面临的真实情况,并引导对方看到更多的可能,找到更多的机会。因此,我们说教练的终极使命就是推动他人成就自我。

运用教练思维的最重要工具是 GROW 对话模型,这一模型暗合 DISC 的思维框架。

用 D 特质的高效明确责任,设定目标,找到学员健身的真正目的

没有方向的船,任何风都不会是顺风,对于健身这件事也一样。我们要帮助学员确定两个目标:一是面向未来的目标,比如,"通过健身,你最终想要达到怎样的效果"?这种终极目标的优势在于通过建立明确的方向感、目标感,来达到学员自我激励的目的。但仰望星空的同时,还得脚踏实地,健身无法三天练出腹肌,如果一直盯着终极目标,就很容易产生挫败感而放弃,这个时候,我们还需要帮助学员建立指向具体行动的小目标,作为终极目标的支撑,比如,"想要达到这个美好的愿景,你觉得我们可以从哪里起步呢"?或者"咱们一起来看看,坚持一周会有怎样的

改变"？在设定目标的过程中，一定要把握"引导而不替代"的原则，只有学员自己认可的目标，他才会根据承诺一致性的原则，为之付出努力。

用 I 特质的积极深度沟通，探索现状，发现存在的问题

只有知道自己的位置和要去的地方，我们才有能力采取合适的行动，否则南辕北辙，只会带来时间、精力上的极大浪费。这一过程正是通过与学员间的对话，消除彼此的认知盲区，建立对现状的共识，引导学员深度自我觉察，找到问题存在的原因。我们可以询问："你现在最想解决的问题是什么？""解决这个问题对你来说意味着什么？""每次你想放弃的时候，你想了什么？"

用 S 特质的心态接纳现实，拥抱可能，寻找改变的积极意义

在这一步，就是尽可能多地探索解决问题的方法，并提防对方心里那些负面的恐惧和失败的假想。当他说"这不太可能吧""我没有这个天赋"时，他正是在为自己套上层层枷锁，阻碍潜力发挥。作为教练，这个时候，我只说"我相信你能行"，是苍白无力的。我们要做的是帮助他发现更多的可能性，比如，询问"尝试最坏的可能是什么"？"如果做成了，最好的结果是什么"？然后确认"那么，最有可能的结果是什么"？或者针对他的顾虑进行假设，"如果这个问题能够解决，下一步我们还可以做哪些改变"？很好用的万能问句："还有其他的吗？"可以帮助学员展开想象，将其创造性的想法、改变的积极状态释放出来，从而有信心、有意愿进入下一步。

用 C 特质的精准定位里程，寻找资源，开始构建明确的行动计划

不管多宏大的目标，都要从最小行动开始。经过前面三步后，我们可以思考：下面我们从哪里开始行动？我们的资源是什么？你对实现程度打多少分？差的那

几分还需要提供哪些支持？

从实践来看，DISC 的循环教练能够有效帮助大部分学员找到自驱力，开始进入常态健身，但面对"顽固型"学员，我们还需要进一步从其行为风格倾向入手，击穿其心理阈值，从"要我健身"转变为"我要健身"。

2019 年，我发挥互联网随时、开放、社交等优势，选择以跑步为切入点，创立了陕西嗨跑体育文化传播有限公司。通过"科学嗨跑"项目，将北京体育大学的教练资源与线上碎片化的健身需求相结合，帮助千余人通过线上平台得到科学的跑步指导，实现跨地域社交互动，改善学员的身体健康状态。DISC 教练思维，在为不同类型的学员提供有针对性的引导、成功实现项目目标的过程中功不可没。

D 型学员：优越驱动，目标牵引

"哎，不对，你得这么练！"

"加油，再坚持一下，坚持就是胜利！"

"结果不重要，我看到了你的进步。"

"来，第一步、第二步、第三步我们要这样，然后每天还要注意一、二、三。"

猜猜看,当你这么与 D 型学员沟通,他会听吗?

当然不会!这些话反而犯了 D 型学员的大忌,一个不爽,他分分钟把你拉黑。

D 型人士关注事,行事风格积极主动。他们大多目标明确,以结果为导向,不惧挑战,渴望成功,行动快,效率高,有很强的自我意识,独立、果敢,要求高,但并不追究细节,有掌控欲而不喜欢被说教。如果 D 型人士找到自己的目标,他是会对自己下手非常狠的那种人。那么,如何让 D 型人士跑起来呢?

我们可以看一下霸道总裁学员 Y 如何从 236 斤减到 180 斤的。

Y 同学是一名餐饮行业的创业者,对美食有狂热的爱,因此,他的体重一路飙升到了 236 斤,高血脂、高血糖也接踵而来。出于对健康的担忧,他像很多 D 型人士一样,因为急于求成,尝试了各种各样的方法,又因为收效甚微甚至反弹而不断放弃。代食的减肥效果差,给不了 D 型人士心理上的饱腹感,压制不住对食物的渴望,反而暴饮暴食。节食容易反弹、伤身,D 型人士对自己下手够狠,Y 同学尝试辟谷减肥,在 15 天的时间里,只摄入维持生命的食物,用喝水来消除饥饿感,在减重 26 斤后,又由于体重像坐火箭一样嗖嗖反弹而放弃。健身减肥难坚持,D 型人士为达目标,从不吝啬投入,Y 同学请了私教,买了课程,然而让他在每天的"加油"声中放弃"魔鬼训练"的,不是高强度的挑战,而是每天与肌肉男为伍所带来的自卑心理。是的,D 型人士唯我独尊,怎么能让自己陷入自卑情绪呢?接连的挫败感比肥胖更令人沮丧,他的问题其实是没有找到好的方法、遇到对的人。

针对 D 型人士的嗨跑法则,只要找到重点,就可以变得很容易。

诀窍一,让他实打实地看到成功的结果。D 型人士瘦身很多时候缺的不是方法,而是偶像;缺的不是想象,而是看得见的结果。我们将大名鼎鼎的樊登嗨跑的成功经验分享给他,帮他锚定"与樊登老师一起嗨跑,就能像樊登老师一样取得成功"的目标。

诀窍二,让挑战循序渐进,踮脚可达。D 型人士没有耐心,所以除了榜样激励,更需要通过一个又一个小目标的阶梯设置,帮助他不断获得新的成就感、满足感。

诀窍三,将改变的权利交给他。D 型人士喜爱自主、自由,喜欢被授权、被尊敬。因此,我们不仅会让 D 型人士参与嗨跑方案的设计,及时向他确认"您觉得这样可以吗"?也会让 D 型人士在嗨跑小组中担任领军人物,激发他的使命感和领导意识,让他给自己加压,带领大家一起努力。

I 型学员：趣味驱动，激励至上

"我办了舞蹈卡、瑜伽卡，不知道今晚上哪门课。"

"哎呀，我今晚朋友聚餐，明天再练吧。"

"这个姿势太丑了，让别人看到多丢人。"

"今天状态不错哦，我来发条朋友圈。"

别怀疑，当你发现你的学员有这些表现的时候，那十有八九他是典型的 I 型学员。I 型人士热情得像小太阳，喜欢拥抱，喜欢分享，喜欢在人群之中闪闪发光，喜欢新鲜，喜欢刺激，喜欢独一无二和收到别人的赞扬。I 型人士向往趣味横生，讨厌简单乏味；渴望轻松愉悦，厌烦严肃古板。所以，激发 I 型人士的内驱力，自然要注重在过程中给予他与众不同的刺激。

诀窍一，夸他是"街上最靓的仔"就对了！完成计划时，在群里表扬他，设定"完成之星"奖章，并设定可以将积分兑换成限量课程和装备；没有完成计划时，可以用"独特改变＋细节"来认可他；如果可以让他主动分享，将会更有利于激发他为自身行为建模，帮助更好地坚持嗨跑。比如，"咦，我发现你今天气色很好，尤其是皮肤有光泽了很多，你是怎么做到的"？

诀窍二，定制化的课程安排，保持内容新鲜、有趣。根据跑步的不同阶段，进行游戏化设计，为每个阶段设计不同的主题，每次通关都给他一枚勋章，并将其与舞蹈、瑜伽等课程穿插安排，让整体课程不乏味、单调。

诀窍三，设计社群活动，让他被看见。为健身赋予仪式感，让他在没有开始跑步的时候就很期待跑步，比如，向他推荐时尚的跑鞋和运动装备；教他在跑步的时候，怎么照相可以更美、更酷、更帅；帮他设计朋友圈文案，让他有炫酷的朋友圈，让他觉得嗨跑能帮助他成为世界的焦点。

S 型学员：需求驱动，陪伴第一

在 D、I、S、C 四种类型的人士里，最容易开始健身，但最难发自内心地想要健身的就是 S 型学员了。虽然他们经常说："好的，都听你的。""跑步？好呀，如果你需要，我可以陪你。""都需要带什么东西？我来准备。"但相信我，他们真的没有表现出来的那么想要达成什么耀眼的成就。因为对于 S 型人士来说，他们最大的特点就是缓慢、温和、友好。他们不喜欢麻烦，所以谢绝冲突；他们适应性强，但惧怕改变。他们是最耐心的倾听者、最稳定的凝聚者，也是最忠诚的跟随者。他可能每分钟都在内心呐喊：我不想要，别给我压力，我很害怕。但与此同时，他也会微笑着跟你说："都行，你定。"所以，对于 S 来说，让他动起来是容易的，只要跟他说"我需要你"，但让他主动动起来，却需要一些技巧。

学员 S 在第一次接触嗨跑时，膝盖髌骨软化、腰椎间盘突出、高血压、甲减等一系列问题已经给她敲了警钟。她非常不自信，总是说："我身体这么差，不行的。""我完成不了这个计划的。""我和其他人不一样。"但我们发现，她很重视身边的伙伴，对于大家的需求都热烈响应，所以我们采取了计划：

关键点一，组团作战，责任共担。对于 S 来说，组团作战具有特别的意义。同样是"百日打卡营"，5 人一组订立契约，全勤或缺勤都采取一起受罚，D 型人士坚持是为了胜利，而 S 型人士坚持是为了不拖累大家。团队的需要，成为 S 坚持跑步最大的驱动力。

关键点二，时刻关心，加油打气。S 很暖，经常会关心同伴，同时，她也会渴望关怀，私下里，教练发来一两句"不错，我看到了你有在坚持"，"谢谢你无微不至的关怀，让这个团队更有向心力"，可以帮她建立群体归属感，她会更乐于付出汗水和努力。

关键点三，情感联结，激发改变。S 非常重视家人，因此强调健身将为她带来什么好处，不如说"我发现，你坚持跑步对孩子也起到了榜样和示范作用啊，他也开始加入我们，一起跑了"，"有健康的身体，我们能更好地做家人最坚实的后盾"。她为了家这个甜蜜的负担，就会燃烧"小宇宙"，哪怕再不自信，也会愿意迈开步伐。

C型学员：成长驱动，计划为王

C型学员多少都有点固执并难以改变，因为他们永远用放大镜来观察、分析这个世界。

"你的做法科学吗？有理论依据吗？"

"有效的样本量是多少？多大概率会成功？"

"为什么这样制订计划？适合我吗？"

"根据我目前的水平，1个月、半年、1年后，我会有怎样的改变？"

如果没做好面对"十万个为什么"的准备，请不要开始与C型人士对话。C型人士就是如此高标准、严要求的完美主义者，想说服他一定要有充足的理由和依据，在细节上下功夫。C型人士会反复确认计划的科学性、专业性、合理性、现实性，没有完美计划是很难让他动心的。可是当C型人士开始行动后，他也一定会是好的执行者，他可以将计划按部就班地落实到底。

打动C型学员的方式就是专业、专业，再专业，具体如下：

第一，给他配备专业的教练、使用专业的话术、提供专业的资料和详细的计划，总之让他觉得你权威而专业，可以放心大胆地跟你走就够了。

第二，做好充足的准备，包括心率带、骨膜耳机、VI眼镜，指导他下载专业的app，使用app记录他的数据，并进行分析。这样，他会觉得自己专业，也会产生成就感，进而爱上跑步，把分享专业的跑步知识当成他的一个谈资，从而结交更多的跑友。

第三，认可他的训练和实践成果，并鼓励他写下"秘籍"，持续实践、校验。我们的一位C型学员还真的坚持了周更，将自己跑步的点点滴滴进行记录，并通过观察-分析-总结-反思-迭代,在了解了自身的边界后,不断突破自己的舒适圈,提升跑步水平,在 41 岁时,以 3 小时 56 分 56 秒完成人生首场马拉松。从"小白"到专家,这是 C 型人士最擅长创造的奇迹。

看到这里,不知道你是否了解了自己是哪一类型的健身者呢?赶快找一个适合自己的方式,点燃你的小宇宙,开始动起来吧!

嗨跑不怕难,教练在身边,活用 DISC,健康看得见!

彭倩雯

DISC+爆款课程开发H1毕业生
500强企业培训专家
职业生涯规划师

扫码加好友

设计思维
——双剑合璧,做好培训课程设计和开发

培训课程的开发,指培训师按照培训目标、课程大纲以及对学员的状况分析,选择和组织课程内容的过程。在开发课程时,要充分考虑培训需求,受训者的兴趣、动机、学习风格等各方面的因素,这是培训课程开发的精髓所在。

目前,培训课程开发常用的有七大模型,具体包括 ISD 模型、ADDIE 模型、HPT 模型、CBET 模型、项目化课程开发模型、霍尔模型、纳德勒模型。各种模型互有优劣,适合不同的培训目标。

本文简要介绍其中一种培训课程开发模型——ADDIE 模型,并探讨如何应用 ADDIE 模型中的 Analysis 和 DISC 融合,来做好培训课程的设计和开发。

什么是 ADDIE 模型

ADDIE 是培训师最常用的课程设计、开发及实施模型。A、D、D、I、E 这五个字母分别表示:Analysis(分析)、Design(结构设计)、Development(内容开发)、Implementation(实施)、Evaluation(评价)。

ADDIE 模型为确定培训需求、设计和开发培训项目、实施和评价培训提供了一

套系统化的解决方案,其基础是对工作和人员所做的科学分析;其目标是提高培训效率,确保学员获得工作所需的知识和技能,满足组织发展的需求;其最大的特点是系统性和针对性。将A、D、D、I、E五个方面综合起来考虑,避免了培训的片面性;针对培训需求来设计和开发培训项目,避免了培训的盲目性,能对各个环节进行及时、有效的评价。在A、D、D、I、E五个阶段中,分析与设计属于前提,开发与实施是核心,评价为保证,互为联系,密不可分。

在实际的培训过程中,A、D、D、I、E中的A是非常重要的,具体包括以下三个方面的内容:

(1)分析学员的背景,掌握学员的具体情况,包括年龄、岗位、教育背景、经验等。

(2)分析学员对课程的具体需求,也就是我们常说的需求调查。

(3)分析学员的个性特点,掌握学员的个性状况。

分析、掌握学员的个性特点,在培训课程的开发过程以及课程的呈现中,都需要应用性格分析。培训师要了解自己的性格特点,发挥优势,弥补不足,塑造自己独特的风格;同时,要分析学员的性格特点,真正做到因材施教。DISC这个工具能很好地解决这一问题。

认识不同特质的培训师和学员

不同特质的培训师

作为培训师,可以针对D、I、S、C各种性格特质的描述,觉察自己的个性特质中,哪种特质的比重最大。我们来看看,各类特质的培训师都有哪些优缺点以及需要提升的方面。

分类	优点	缺点	提升方面
D 型培训师	观点明确、重点突出、善于控场、没有废话	非常强势、生动不足、信息量大、语速偏快	增加案例、故事、互动形式等,避免自我绝对化、太强势给学员压力
I 型培训师	形式丰富、生动活泼、亲和力强、激励人心	思维跳跃、主题不明、容易跑题、语速偏快	增加数据、逻辑、重点突出,避免过多使用笑话、故事等内容
S 型培训师	和风细雨、娓娓道来、气氛和谐、课堂轻松	观点不明、控场不足、语速偏缓、激情不够	增加自信,声音洪亮,提升控场能力,避免语气平缓、眼神不坚定
C 型培训师	思路清晰、逻辑严谨、内容翔实、有理有据	内容复杂、专业术语、重点不明、应变不够	适当增加笑话、故事,增强课堂的互动效果,避免使用太多的数据、案例

DISC 理论告诉我们,每个人身上都有 D、I、S、C 四种特质,作为培训师,需要更多地了解自身的行为风格,有效地扬长避短。

高 D 特质的培训师需要修炼的课题就是:游刃有余。在课堂上,不能只有知识点,还要设计学习活动。学习活动是帮助学员掌握知识点的有效途径和手段,而不是在浪费时间。

高 I 特质的培训师需要修炼的课题是:提纲挈领。高 I 特质的老师讲课生动有趣,很容易让学员融入,但培训要围绕培训目标展开,高 I 特质的老师既要会撒网,也要会收网。

高 S 特质的培训师需要修炼的课题是：善于控场。高 S 特质老师的课堂气氛是和谐的，但同时也会让人感觉整个课堂缺乏激情，使人昏昏欲睡。高 S 特质的老师可以多做一些这方面的训练，当然，这需要刻意训练。

高 C 特质的培训师需要修炼的课题是：深入浅出。高 C 特质的老师注重逻辑分析，关注细节，爱用专业术语去解释问题，学员听后难免发蒙。高 C 特质的老师需要训练深入浅出的讲课能力，可考虑在现实生活中找一些熟悉的对象来类比所要讲述的深奥的东西，这样讲授的内容更容易被学员接受。

除此之外，不同特质的老师有一个需要共同修炼的课题，那就是要了解学员的行为风格，在课程设计及课程呈现中都需要考虑学员的特点，有针对性地进行课程设计及教学互动。

不同特质的学员

在培训课程开始的时候，就可以运用性格分析的方法快速分析学员的个性，为后面的培训做相应的准备。

我们可以采取"望、闻、问、切"的方法来了解学员的个性。"望"就是观察，看长相、表情和动作。"闻"就是听学员说话。"问"就是问问题，看学员对该问题的反应。"切"就是用专业的工具测试。

我们需要了解各种类型的学员认同和反感课程的地方。在培训过程中，培训师要充分重视学员的认同点，同时尽量避免学员的反感点，要专门设计和运用各个兴奋点。不同学员的认同点和反感点如下图所示：

基于 DISC 的课程设计

每个人都有 D、I、S、C 四种特质,只是比例不同。我们在遇到事情时,必定会有 D、I、S、C 四种处理方式,即凡事必有四种解决方案。作为一名培训师,如何运用 DISC 来做好课程设计呢?在这里,我们基于 DISC,把一门好课程定义为"有效、有趣、有心、有序":

D——有效:清晰的教学目标。

I ——有趣:好玩的氛围,开心地学习。

S——有心:走心的小设计、小惊喜。

C——有序:井然有序,控制时间。

做过老师的人肯定都有同感,底下在座的学员一定是性格各异的,不管你讲得怎么样,总会有学员叫好,有学员摇头,几乎不可能做到让每一位学员 100% 满意。那么,我们怎么做,才能提高学员的满意度呢?

我在前面已经说到每个人都有 D、I、S、C 四种特质,只是比例不同,所以我们的教学策略需要符合这四种特质,才可能让更多学员满意。

D 特质学员关注什么?干货。也就是你这堂课里有没有我要学习的内容,是

第五章 多面思维　245

不是直接呈现或者是通过合理的引导呈现出来的。如果你扯了一堆有的没的,做了很多不相干的活动、游戏,最后呈现的干货不够,对于这堂课,D特质学员肯定不满意。

I特质学员关注什么?知识是在好玩和新奇的过程中获得的。如果这堂课的老师一直在讲台上面讲,没有互动,也没有任何教学活动,即使全是干货,I特质学员也会觉得不满意,因为太无聊了,他没法投入其中。

S特质学员关注什么?是否关心我。只要你的课堂给了他一个眼神的关注,他感受到了一丝关心和温暖,也可能是教学环境、茶歇、一些温馨提示,还可能是课后的小礼包,他都会觉得满意。

C特质学员关注什么?课程逻辑是否严谨。从主题到大纲、从大纲到主要内容、从主要内容到举例等等,这一系列话语、活动是不是环环相扣、合乎逻辑的,课程中的案例、数据是不是可靠的,如果这些都没问题,那么C特质学员就满意了。

所以,当我们知道了D、I、S、C特质的学员分别关注什么,我们就知道我们的教学设计该如何安排,才能提高满意度。

在一堂课当中,要让D特质学员学习到真正的干货,I特质学员感觉有趣、新鲜,S特质学员感受到关心,C特质学员感受到逻辑的严谨,那么有人就会问了,一个班中D、I、S、C四类学员都有,大家的性格不同,偏好各异,作为培训师,怎么能做到让每位学员都满意呢?

这里的一堂课是指一个教学单元,如果是一天以上的课程,一般一个教学单元为1~1.5小时;如果是1~2小时的课程,一个教学单元大概为20分钟。也就是说,每个教学单元都要考虑到这四种特质学员的不同需求,不能这个单元全讲干货,下一个单元全是教学活动,对于这样的培训课堂,学员自然也是不满意的。

同时,为了促使学员改变,可以让学员用D特质设置目标,用I特质想象自己已经达成目标时的状态,用S特质盘点自己可以利用的资源,用C特质来明确自己的校验标准。

这样,一次课程下来,我相信不仅学员有所获、满意度较高,老师也会特别有成就感。

教学设计——张弛有度的编排

教学设计是设计学习活动,让学员更容易通过练习、演练、分享等环节,掌握教学内容。

学习行为是发生在课堂中,学员做出的有认知变化、可观察的动作行为。教学活动设计时,要特别关注学习行为的设计。学习行为可以分为三类:

记忆型的学习行为,包括阅读(如老师让学员阅读一段文字材料)、听讲、观看、记忆。比如,让一位学员重复讲解一个知识点给另一位学员听,或者让学员画出一幅知识点的要点图,这都是记忆活动。

理解型的学习行为,包括测试(就是做题)、分享(指学员分享)、比较(比如,老师播放一段操作视频,让学员挑错)、案例分析(给出问题,让学员分析、回答)。

应用型的学习行为,互教演示(学员演示、重复知识点)、模拟练习(学员在模拟的情景下完成任务,比如角色扮演等)、实践练习(学员在真实的情景中完成任务)。

一天中,人的精力是呈 U 形分布的,早上学习的精力最旺盛,可以持续到10:30左右;11:00 后就有些困了、饿了,精力稍差;下午上课前,学员刚午睡醒来,头脑还不是那么清晰;15:00～17:00 又是最宝贵的学习时间,所以授课的刺激程度就要遵循倒 U 形原则。

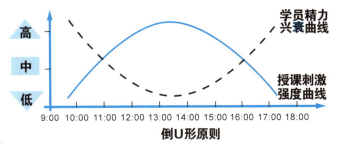

既然学员的精力呈 U 形分布,那么,老师在教学过程中所采取的教学活动的刺激程度就要呈倒 U 形分布。在学员精力充沛时,多一些讲解;精力下降时,多一些

互动和演练。

所谓教学设计,就是设计课程中各个知识点的学习活动,课程的学习心电图是教学设计的有效工具。我们把教学活动对学员的刺激度做个分级,刺激度分别为1～10分,根据教学活动的刺激程度来绘制课程心电图。

用课程心电图可以完成对教学设计质量的评判。好的教学设计应该满足以下条件。

(1)主动学习。

(2)刺激有变化。一个知识点的学习行为等级应该是波动的。

(3)符合高点赋能的教学曲线。也就是心电图的曲线有且仅有一个高点。高点左侧的活动称为赋能活动,右侧的活动称为强化活动。赋能活动应该逐步通向高点,强化活动最好呈现缓降的趋势。

培训就是与人打交道的过程,掌握了人性就掌握了一把万能钥匙。培训师要知道自己的个性特征,明确自己的优点和不足,做到扬长避短;同时也要充分认识学员的个性差异,有针对性地做好教学设计,实施个性化的培训,从而提高培训质量。

于长慧

DISC双证班F51期毕业生
二级心理咨询师、职业培训师
非业务人员的营销思维践行者
公益社团"开言相声社"联合运营

扫码加好友

营销思维
——知己解彼，成长加速

怀才不遇的郁闷

是不是觉得自己能力全面，但由于一直得不到更好的发展机会而郁郁寡欢？

是不是曾经为升职的是同资历的同事而愤愤不平？

是不是看到身边的人不断地获得好机会，自己却停滞不前、郁闷至极？

是不是曾经为准备了好久的话术，却没得到机会展示而后悔不迭？

"是金子总会发光的。""酒香不怕巷子深。"不过是自我解嘲。好像我们每个人都是千里马，只是总也等不到属于自己的伯乐。

白璧三献，方才成功传誉后世。也许，我们愿意经历一些挫折，愿意等待，但不愿大材小用，总想要闪闪发光。那么，如何在适当的时候抓住机会、展现自己？

高度决定思路，思路决定出路。一种有效的方法往往是一种思维方式，基于DISC的营销思维就是一种高效的助力个人成长的思维方式。

什么是营销思维？

什么是好的思维方式？起码，这种思维方式要能够创造效益、带来价值。谈到创造效益，必然离不开营销。营销思维，顾名思义，主要应用于营销领域。营销的基本框架，可以抽象为 STP + 4P + CRM。

STP 是营销学中营销战略的三要素。在现代市场营销理论中，市场细分（Market Segmenting）、目标市场（Market Targeting）、市场定位（Market Positioning）是构成公司营销战略的核心三要素，被称为 STP 营销。

4P 是营销学名词。美国营销学学者杰罗姆·麦卡锡教授在 20 世纪 60 年代提出"产品、价格、渠道、促销"四大营销组合策略，产品、价格、渠道、促销四个英文单词的第一个字母合在一起即为 4P。

CRM（Customer Relationship Management）指客户关系管理。CRM 涉及客户的细分、客户的维系及裂变。

理解了营销的框架，自然就能够慢慢具备营销思维。可是这样看上去很难，对不对？

其实，营销思维完全可以用大家熟悉的用来知己解彼的 DISC 理解。

DISC 理论是一种"人类行为语言"，其基础为美国心理学家威廉·莫尔顿·马斯顿博士在 1928 年出版的著作《常人之情绪》。DISC 研究的是由内而外的人类正常的情绪反应，它将人们的行为风格分成了支配型、影响型、稳健型和谨慎型。

D：目标/行动

支配型的人目标明确，主动迅捷。如果用四个字来概括 D 型人士的营销思维方式，就是围追堵截。

围，意为包围，360 度无死角、全覆盖，不放弃任何可能。

追,不放不弃,紧追不舍,眼里只有目标。

堵,如果力不能及,提前一步,堵住所有可能的岔路口。

截,异军突起,寻找秘籍,使用巧计,截取需要的部分。

围追堵截针对的是明确的目标。史蒂芬·柯维的《高效能人生的七个习惯》中提到"以终为始",也就是说,做事需要有目标。明确方向,才能进行规划。

这正是营销 STP 中的市场细分,定位与确认目标市场。只有明确了目标市场,才能有针对性地设计、调整产品,实现经济效益。

对于个人来说,发展与规划就是一个从起点到终点的过程。明确发展目标,一切围绕目标来计划和准备,才会事半功倍,而不至于像无头的苍蝇,浪费时间和精力。

曾经有一位咨询客户,名校毕业,一表人才,多才多艺,但职场发展总是不温不火,聊下来才发现,正因为他的基础条件好,看起来做什么都能做好,什么都可以去尝试,导致什么都去尝试、什么都不精通。碰到困难和阻碍,不是坚持克服,而是转而选择其他,看起来如鱼得水,但冷暖自知。他由于目标非常不清楚,最后错过了很多机会。

I:自信/热情

影响型的人乐观、自信、有魅力,最善于热情出击,极具说服力。如果用四个字来概括 I 型人士的营销思维方式,就是说学逗唱。

说,所有的表演都离不开表达。以说开始,以说衔接,以说结尾。

学,即模仿,不断地调整与适应,模仿角色,用最好的形象、最专业的表演去赢得观众。

逗,就是抓哏取笑。甲乙二人,一主一宾,一智一愚,以滑稽口吻互相捧逗,褒贬评论,讽刺嘲谑。贯穿表演始终,既为线索,亦为亮点。

唱,"本门唱"指太平歌词。坚持传统与传承。

说学逗唱,相当于营销的 4P,确定了目标市场以后,需要有针对性地设计产品、包装宣传、打开渠道、推向市场。产品需要包装,人同样需要包装。明确了发展方向,就要有针对性地调整人设,做好准备,灵活地应对外界的挑战。抓住机会,不忘

"说",积极表达。有需要的时候,不怕调整,积极"学",适应环境的变化。突出"逗",也就是自身的亮点。坚持"唱",不忘初心。

再有才华,也需要包装,也需要外向表达,毕竟,在 VUCA 时代,不能等待别人去发现你,而要积极地去展现自己。

S:开放/坚持

稳健型的人善于合作与协调,具有开放的心态,能够接纳各方观点,韧性极佳。如果用四个字来概括 S 型人士的营销思维方式,就是翻转腾挪。

翻,一个方法不行,就换另一个方法。只要目标不变,坚持是个很好的习惯。

转,碰到困难及时调整,而不是放弃。

腾,可以接受大冲击,坚韧不拔。

挪,小步走,大进步。不要看不起一点点的变化,量变会引发质变。

翻转腾挪,积极协调与适应,就像是营销框架里的 CRM,维护客户关系极具价值。赢得合作已然不易,将合作延续,甚至扩大,对于企业来说尤为重要。毕竟,维护客户的成本要远低于开发新客户的成本。

情感账户是对人际关系中相互信任的一种比喻。我们将人际关系中的相互作用,比喻为银行中的存款与取款。存款可以建立关系,修复关系;取款使得人们的关系变得疏远。翻转腾挪,多在人际关系中存款,"弱联系"的伙伴必会给你意外之喜。格兰诺维特认为,在探究一些网络现象时,使用弱联系的概念比使用强联系的概念来得重要。其实与一个人的工作和事业联系最密切的社会关系往往不是强联系,而是弱联系。弱联系虽然不如强联系那样坚固,却有着极快的传播效率。就像在著名的六度分隔实验中,正是层层叠加的弱联系,将世界上原本毫不相关的人联系到了一起。

C:计划/内核

谨慎型的人善于计划,追求完美,看重证据、逻辑与数据。如果用四个字来概括 C 型人士的营销思维方式,就是望闻问切。

望,观察。

闻,聆听,注意听取弦外之音。

问,询问,带有目的地征询与引导,确认收集与了解需要的信息。

切,分析与评估,做好方案与计划,与时俱进地调整。

望闻问切,就是穷尽各种手段,了解现状,跟进变化,进行计划,调整方案。无论是确认目标、包装表达,还是协作坚持,都离不开计划。在营销框架中,营销内核的重要性体现在各个细节当中。定位,是为了针对外部市场的投放目标,也是自我认知的第一步。产品设计是针对目标与外界市场的需求而做的自我定位与设计。客户的维护、管理与裂变更是需要适应变化。

个人的成长与发展离不开规划,规划即为计划,搞清楚自己想要什么、外界需要什么、自己有什么。计划需要有内核,有坚持不变的东西,也就是常说的初心。初心不变,确认目标,才能有最恰当的计划。计划需要细致且富有逻辑,可追溯与可调整。

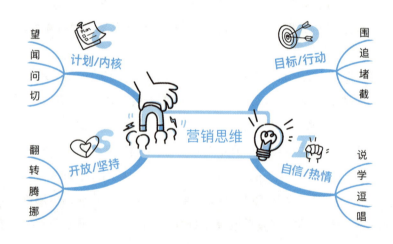

这样看起来,学习营销思维是不是并没有那么难?坚持以 DISC 为线索,牢记目标,包装与表达,以开放的心态寻找资源,碰到困难不退缩,做好计划和调整。

也许,你已经发现了,这好像就是职业规划模型的翻版,几乎所有的职业规划都是这样做的,但并没有什么鸟枪换炮的奇迹发生。

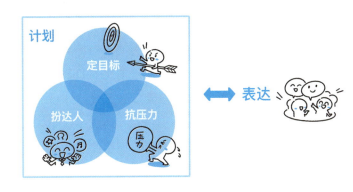

这是因为,你忘记了"营销"两个字。营销的重点在于赢得效益,需要交换价值,这是不变的基线。无论是"赢",还是"交换",都是动作,我们需要以动制动,也就是说,需要即时表达。要让你的客户、你的合作伙伴、你的贵人发现你、看好你、挖掘你。

作为一名有丰富职场实战经验的新手讲师,如何应用营销思维来推广自己呢?首先,运用 D 特质,了解自己,了解市场,确认授课方向。其次,运用 I 特质,准备与包装自己的简历以及产品(讲师和课程),讲师应该抓住一切表现的机会,比如公益宣讲、试讲、比赛等等。再次,运用 S 特质,积极主动地去连接相关的贵人,寻找更多的资源补充与支持,碰到困难不要怕,要够耐得住寂寞。最后,运用 C 特质,做好各种准备,无论是课程本身的,还是个人形象或心态。

做好规划,适当表达,用好营销思维,必将无往不利。

营销思维的形成

营销思维是长期从营销角度进行思考的惯性结果,那么,我不是做营销工作的,又该如何形成营销思维呢?

很简单。思考—尝试—复盘—应用—思维。

首先要确信，无处无时不销售。即使你不是做销售的，但向别人介绍自己、说服别人、达成合作等等，无一不是在销售，卖的是你的形象、你的观点、你的价值。只要是为了赢得关注、赢得认同，就是在营销自己。

思考在营销自己的过程中，可以做什么。围绕前文的 DISC 认真谋划。

尝试在生活中执行计划。此执行未必需要多么正式，可能只是用一句话来介绍自己。

复盘尝试后的反馈，纠正认知偏差，知己解彼，调整计划。

应用调整后的结果，反复实践与应用，形成惯性。

思维，当行为成为习惯，那么就会反过来影响下一步的行动。

比如，一开始我们会去思考和计划，看如何去做（思考），但真的做起来（尝试）后，发现并不是想象中的样子，而是困难重重（复盘），这时，就需要重新计划并实践（应用）。经过一轮又一轮的尝试与思考，最终达到目标，形成习惯。

有人会觉得最初的定位最难，当你发现自己的定位过于宽泛、竞争对手众多的时候，不妨考虑转换竞争对手、转换产品卖点、转换应用场景、转换表达方式等。在没有足够的信息与资源支持的情况下，不断尝试也是个不错的办法。

营销思维的形成不会是一朝一夕的，但只要掌握基本概念，突破认知局限，基于 DISC，主动去调整和尝试，相信你会离成功更近一步。

我们不要事后诸葛亮，不要抱怨自己是沧海遗珠，马上开始应用营销思维，去助力个人发展，加油吧！